Power BI
企业级分析与应用

BI使徒工作室 雷元◎著

电子工业出版社
Publishing House of Electronics Industry
北京·BEIJING

内 容 简 介

本书立足于企业应用场景,从赋能商业价值、培养员工数据分析能力和引领企业数字变革这三大角度勾勒出一套敏捷BI实践指南。

除提供丰富的理论指南和Power BI实践外,本书还涉及Power BI Service治理方面的内容。只有在一个治理完善的Power BI Service架构上,Power BI的规模化应用才有可能得以实现。另外,本书还涉及了Power BI与Microsoft 365结合的案例,为Power BI的应用场景提供了延伸。

无论你是专注于个人自助分析,还是企业BI解决方案,本书都会以独特的视角为你提供非常有参考价值的内容。

未经许可,不得以任何方式复制或抄袭本书之部分或全部内容。
版权所有,侵权必究。

图书在版编目(CIP)数据

Power BI 企业级分析与应用 / 雷元著. —北京:电子工业出版社,2021.2
ISBN 978-7-121-40394-1

Ⅰ. ①P… Ⅱ. ①雷… Ⅲ. ①可视化软件－数据分析 Ⅳ. ①TP317.3

中国版本图书馆 CIP 数据核字(2021)第 007857 号

责任编辑:王 静
印　　刷:北京京师印务有限公司
装　　订:北京京师印务有限公司
出版发行:电子工业出版社
　　　　　北京市海淀区万寿路 173 信箱　邮编:100036
开　　本:787×980　1/16　印张:14.25　字数:341 千字
版　　次:2021 年 2 月第 1 版
印　　次:2021 年 2 月第 1 次印刷
定　　价:69.80 元

凡所购买电子工业出版社图书有缺损问题,请向购买书店调换。若书店售缺,请与本社发行部联系,联系及邮购电话:(010)88254888,88258888。
质量投诉请发邮件至 zlts@phei.com.cn,盗版侵权举报请发邮件至 dbqq@phei.com.cn。
本书咨询联系方式:010-51260888-819,faq@phei.com.cn。

序一

我曾经有幸在玛氏公司工作了 9 年，这是我在加入微软之前职业生涯中最感恩的一家公司，其对我后续的职业发展影响深远。雷元是我在玛氏时的同事，以前对他的印象是沉稳、内敛。几年过去了，他已经陆续出版了几本 BI 方面的专业书，在业界有口皆碑。我有幸接到雷元的邀请来为他的新书作序，开心的同时也为雷元感到骄傲，希望这本新作能为中国企业的数字化转型及 Power BI 在企业中的推广和深度应用做出贡献。

微软公司首席执行官 Satya Nadella 提出，未来每一家公司都是 IT 公司，我们必须像 IT 公司一样思考和运作。对处于数字化转型浪潮中的每一家公司，在客户和竞争对手的数字化能力不断提升的情况下，如何像 Satya 所讲的那样成为 IT 公司？其中重要的思路是如何利用技术来赋能，如何理解和探索软件定义产品，软件定义企业，乃至软件定义一切。

感受不到 IT 才是最好的 IT。按照数字化转型的 3D 模型（Dream，Design，Deliver）来看，业务部门的 Dream（梦想）就是可以像使用 PPT 一样来快速满足各种业务场景的需求，并对 IT 部门无感知；企业在数字化的业务上不断成长，全员可以以低代码和无代码的方式响应及满足业务需求和客户需求，IT 部门成为端到端的数字化赋能组织。

Power BI 是微软公司的产品，是一系列协同工作的软件服务、应用和连接器，其将不同的数据源转化为合乎逻辑、视觉逼真的交互式洞察。Power BI 作为微软的"四朵云"之一的 Power Platform（另外"三朵云"是 Azure、Microsoft 365、Dynamics 365）的组成部分，是企业数字化转型中必不可少的全员赋能的重要工具。

Power Platform 是当前市场上很完整的低（无）代码云平台之一，特别是其强大的面向应用开发的云平台，也是集大成的企业数字化创新平台。其开创了企业低（无）代码开发的"全民技术"时代，无缝集成微软其他"三朵云"和第三方独立应用，让业务人员可以轻松地开发应用，轻松支持企业开发和管理成百上千个 App，将开发时间缩短到以周计甚至以天计。

你可以想象 IT 部门的传统几大件工作——应用开发工作、接口开发工作、报表开发工作和运维工作，分别被 Power Platform 平台的 Power App、Power Automate、Power BI 及 Power Virtual Agents 来增强甚至取代，"全民技术"的梦想时代已然来临。

让我们将视角从企业数字化转型转回到雷元的这本书。沿着入门、进阶、推广的路线图，这已经是雷元在 Power BI 领域的第三本著作。全书技术描述准确，行文流畅生动。对于 Power BI 的推广应用到了一定阶段，需要进行 BI 治理和 BI 敏捷化的企业来说，本书站在企业级管理者的高度提供了完整的思考框架和实操建议。在品读本书的同时，也强烈建议大家撸起袖子加油干，在 Power BI 乃至 Power Platform 的平台上不断尝试和创新。

刚刚得知雷元获得微软 2020—2021 年 Data Platform 领域的 MVP 最有价值专家！此乃实至名归，恭喜！期待雷元在下一本著作中可以讲述 Power BI 如何在微软的"四朵云"上打通任督二脉，融会贯通，为致力于数字化转型的伙伴们提供更优秀的思路和实践！

刘　杰

微软（中国）有限公司 战略客户技术总监

序二

《Power BI 企业级分析与应用》是作者"Power BI 三部曲"的第三部，我有幸提前拜读了其中的大部分内容。令我惊喜的是，有别于市面上的大部分 Power BI 技术书只是重点介绍操作方面的知识点，本书的内容涉及面更广，包含了企业敏捷 BI 策略与框架、企业 Power BI 的实施与治理、以 Power BI 为首的 Power Platform 应用，以及 Power BI 中的高级技能，这些内容让人耳目一新。作为微软数据及人工智能平台的推广者，我认为这部分知识目前在中国市场上是十分稀缺的，同时又是非常具有前瞻性的。作者除了是一名商业分析师外，还是企业中的 Power BI 门户管理员和内部培训讲师，想必这些不同的身份决定了其创作内容的广度与深度。无论你是专注于个人自助分析，还是企业 BI 解决方案，该书都会以独特的视角为你提供非常有参考价值的内容。

Power BI 从发布至今，已经 5 岁了，每个月 Power BI 开发团队都会以惊人的速度更新其功能。Power BI 也被赋予了更多、更强的功能，如 AI 功能。很高兴本书中也多次展示这些新功能的应用场景，BI 的 AI 化必然是 BI 发展的一个趋势。在这里我还要提到一个非常重要的平台：Azure 数据平台，它包括了各种结构化和非结构化数据的抽取、存储、分析及预测。通过与 Azure 数据平台中其他组件的结合可以使 Power BI 具备更大的洞察力，展现更优的性能。很高兴作者将进一步进行 Azure 数据平台的研究，期待不久会有新作问世。

最近微软发布的 Power Platform 平台吸引了许多人的注意，这也是微软继"云为先"之后的一次重大的战略部署。通过"Less Code，More Power"的方式，以 Power BI 为首的 Power Platform 平台将释放更多的创造能力与价值，让大家像使用 Excel 一样开放并使用数据应用，让数据应用回归业务。更值得一提的是，该能力属于每一个人，每一个人都可以成为其中的创造者，发挥自己的才智，贡献价值。无疑，"Less Code"是 BI 发展的又一个趋势，乐见此书中提供了非常丰富的应用场景。

未来，不确定性也许会成为我们生活中的常态，但我相信不确定性只会让这个世界变得更加强大，更多的思维桎梏等待我们去打破，希望此书能为你的数据分析之路提供一份指南，使你通向更美好的世界。

刘建晔

微软（中国）有限公司 Data&AI 资深架构师

自 序

自笔者的第一本书《商业智能数据分析：从零开始学 Power BI 和 Tableau 自助式 BI》出版至今，已有一年的光景。紧接其后，笔者的第二本书《34 招精通商业智能数据分析：Power BI 和 Tableau 进阶实战》也与读者见面了。第一本书作为零基础启蒙课，快速帮助读者入门 BI 工具，着重对读者"技"的培养；第二本书为 BI 工具进阶实践，提供了大量的分析模板，帮助读者实现由"技"到"术"的转变。

基于前两本书，本书立足于企业应用场景，从赋能商业价值、培养员工数据分析能力和引领企业数字变革这三大角度勾勒出一套企业敏捷 BI 实践指南。让读者实现从"术"向"道"的转变。

除提供了丰富的理论指南和 Power BI 实践内容外，本书还花了许多笔墨介绍 Power BI Service 治理方面的内容，而这部分内容是市面上现有同类书所缺失的。只有在一个治理完善的 Power BI Service 架构上，Power BI 的规模化应用才有可能得以实现。另外，本书还涉及了 Power BI 与 Microsoft 365 结合的案例，为 Power BI 的应用场景提供了延伸。

最后要强调的是，工具永远是为解决实际需求而存在的。除了技术，我们更要从理解问题的角度出发，真正发挥数据分析的价值。希望本书中的内容对读者的 BI 实践之路有所启发，令更多的人得以受益。时不我待，carpe diem（抓住机遇，把握现在）!

特此感谢汪晶与陈靖淞对本书的贡献。

作 者

目　　录

第 1 章　自助式 BI ... 1
- 1.1　自助式数据分析 ... 1
- 1.2　自助式 BI 在企业中的价值 ... 2
- 1.3　为什么使用 Power BI ... 5
- 1.4　Power BI 报表开发流程 ... 10
- 1.5　敏捷 BI 开发模式 ... 11

第 2 章　从一个商业智能分析案例认识 Power BI ... 19
- 2.1　业务理解 ... 19
- 2.2　数据理解 ... 19
- 2.3　数据整理 ... 20
- 2.4　数据建模 ... 22
- 2.5　可视化呈现 ... 41
- 2.6　数据洞察 ... 47

第 3 章　深入理解 Power BI ... 51
- 3.1　数据整理：连接 SharePoint 上的 Excel 文件 ... 51
- 3.2　数据整理：获取并追加的文件夹中的内容 ... 55
- 3.3　数据整理：6 种合并查询 ... 61
- 3.4　数据整理：多层表头数据表的追加 ... 65
- 3.5　数据建模：订制日期表的时间函数 ... 71
- 3.6　可视化呈现：可视化报表制作原则 ... 78
- 3.7　可视化呈现：Power BI 报表主题颜色设置 ... 82
- 3.8　Power BI Service 应用：发布与分享内容 ... 85
- 3.9　Power BI Service 应用：通过"在 Excel 中分析"功能读取 Power BI 数据 ... 92

3.10　Excel 应用：拆分 Excel 数据透视表 98
3.11　数据建模：行级别权限设置 102

第 4 章　Power BI 应用案例 106
4.1　语义分析的应用：《辛普森一家》 106
4.2　自然语言归纳与聚类学习的应用：《凡高的故事》 112
4.3　Excel Power 功能与 VBA 的结合应用：《股票量化回测》 123

第 5 章　Power BI 企业级应用 130
5.1　Power BI 的企业架构总览 130
5.2　企业场景中的数据连接模式 131
5.3　优化数据连接设计：混合模式 134
5.4　Power BI Service 中的数据整理：数据流 138
5.5　优化数据集刷新：Power BI Service 的增量刷新 146
5.6　Power BI Premium 介绍 149
5.7　Power BI Embedded 介绍 153
5.8　Power BI Report Server 介绍 159
5.9　数据网关介绍 160

第 6 章　Power BI Service 治理 164
6.1　Power BI Service 介绍 164
6.2　Power BI Premium 管理手册 170
6.3　Power BI 报表性能设计规范 180
6.4　Power BI Premium Capacity Metrics 工具 182

第 7 章　Power Platform：低代码云平台助力 Power BI 187
7.1　Power Platform 应用介绍 187
7.2　Forms、Power Automate 与 Power BI 的协同应用 191
7.3　专有容量申请管理：在 Power BI 中调用 Power Apps 198
7.4　自动化阈值警报：用 Power Automate 助力 Power BI 仪表板 203
7.5　用手机刷新 Power BI 报表：Power Automate 的 UI Flow 应用 208

后记　Power BI 在企业级解决方案中的技术亮点 214

第 1 章 自助式 BI

1.1 自助式数据分析

我们常常听到自助式数据分析、商务智能、探索性分析、大数据等这类"高大上"的概念,它们究竟代表了什么?与处在数据时代的我们有什么关系呢?下面先简单介绍一下这几个概念。

自助式数据分析(Self-service Data Analytics):通过独立、自主的方法完成数据分析过程,从而获取数据洞察,进而可以采取有价值的行动。比如,通过分析某只股票的走势,发现其遵循一定的规律,再根据该规律采取一种买卖策略,最后从交易中获取利润。如今,大多数人或多或少都在进行数据分析。

商务智能(Business Intelligence):简称 BI,从概念而言,其主要运作形式是利用历史数据和当下的数据为企业的经营活动提供基础分析,以辅助企业进行商业决策和制订计划。从技术而言,BI 是指具体的技术解决方案,如 SAP BW、Informatics 等 BI 工具。因此,BI 既是指一套方法论,也是指某种具体的技术和报表工具。

探索性分析(Exploratory Data Analytics):数据分析的类型通常可以分为两种。一种是操作性分析,即根据类似固定格式的透视表进行分析,输入与输出都是相对固定的,例如资产平衡表、账龄表等属于此类分析报表。另一种是探索性分析,即分析的过程根据分析的假设发生变化,例如分析商品 A 的销量为什么在 7 月同比提高了 30%,也许是因为天气,也许是因为促销,还有可能是因为竞品。数据分析没有一定之规,要根据当时的环境加以假设,再通过分析加以求证。

大数据(Big Data):指传统数据处理软件不足以处理的大量或复杂的数据集。大数据的特征是数据量大、处理速度快、价值大,以及具有多样性和真实性。

在企业环境中,自助式分析是以**自助方式探索、分析大数据的商务智能方案**,简称自助式 BI。图 1.1.1 所示的关系图阐述了几者之间的关系。

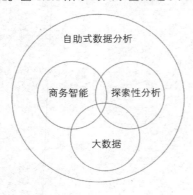

图 1.1.1

1.2 自助式 BI 在企业中的价值

传统上，BI 开发属于 IT 领域，业务人员先提出需求，由商业分析师将商业语言转换为技术要求，再由 BI 开发人员将技术要求转换为技术语言，最终完成产品交付。传统 BI 工具对应的是传统的开发流程：瀑布流程，如图 1.2.1 所示。除上述角色外，在开发过程中还应设有项目经理、流程变更经理、质量控制人员、运维人员等。一个正式的传统 BI 项目，至少需要 5~10 个人才能启动。

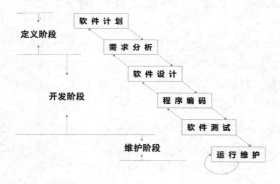

图 1.2.1

瀑布流程具有以下特点。

- 在初始阶段定义项目交付标的与标准。
- 具有严谨的项目流程控制。
- 具有周密的项目时间安排计划。
- 适合大型开发项目团队使用。

- 随着项目的推进，修改项目内容的难度也随之增大。
- 适用于中大型团队的项目管理。
- 涉及众多人员及经费审批流程。
- 项目开发时间通常持续 6 个月到数年不等。

有人戏称传统 BI 为"喂养式 BI"，项目中的每个人的责任都是清晰的，只需做好自己分内事，将"球"传给下一位，任务就完成了。

显然，在商业模式转向快速化、轻量级、个性化的当下，传统的 BI 工具与 BI 思想受到了挑战，原有的模式已经不适应新的需求。对于数量众多、更加轻量级的 BI 应用，需要以更小的规模、更少的成本和更快的速度完成数据挖掘过程，才能有其应用价值。而通常这部分需求要么因为资金的缘由无法实现，要么通过 Excel 透视表实现了部分功能，但由于 Excel 功能有限，无法成为真正意义上的自助式 BI。

随着自助式 BI（SSBI，也称敏捷 BI）这一新概念在近几年的迅速流行，BI 领域正发生着翻天覆地的变化。图 1.2.2 为顾问公司 Gartner 在 2020 年发布的 BI 分析平台魔力象限图。魔力象限图的 X 轴（COMPLETENESS OF VISION）指的是产品的"潜力性"，即产品是否有清晰的远景；Y 轴（ABILITY TO EXECUTE）指的是"易用性"，即产品功能是否能胜任 BI 分析任务。其中 Microsoft 与 Tableau 处于第一象限领导者的位置，而 2020 年也是微软连续处于领导者位置的第 13 年。在笔者看来，领导者因自助式 BI 而兴盛。

图 1.2.2

借助自助式 BI 解决方案，BI 从由 IT 人员维护的操作性分析转向由业务人员主导的探索性分析。通过使用 Power BI 等工具，业务人员可无须在 IT 人员介入的情况下独立完成大数据级别的商务智能分析。自助式 BI 让"人人都是数据分析师"不再是一句空洞的口号。

如果把 BI 工具比喻成武器，那么传统 BI 工具像导弹，其特点是精准，射程远，威力大，但需要专业人员操作，且维护成本高。自助式 BI 工具像冲锋枪，易上手，普通人通过短期培训就能让其发挥出很大的威力，图 1.2.3 为二者特性的对比。

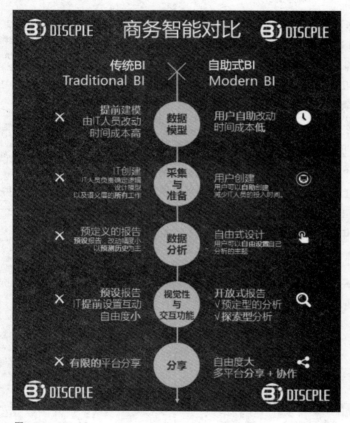

图 1.2.3

这并不是说传统 BI 工具不再重要了，对于许多数据规模大、逻辑复杂的应用场景，仍然需要用传统 BI 工具来完成。因此，传统 BI 工具目前仍然处于不可缺失的地位。企业应思考的不是二选一的问题，而是如何将传统 BI 工具和自助式 BI 工具有机结合，发挥出它们的最大威力。比如，传统 BI 工具在数据仓库搭建方面更有优势，IT 人员可专注于数据仓库开发、数据治理等工作，业务人员则可以通过自助式 BI 工具连接数据仓库实现探索性分析，在最大程度上释放生产力，从而达到事半功倍的效果。

1.3 为什么使用 Power BI

1.3.1 什么是 Power BI

Power BI 是一款数据可视化分析软件。如果你觉得这个概念太抽象,则可将 Power BI 理解为加强版的 Excel,尽管这种理解有些许偏差。图 1.3.1 为微软官方对 Power BI 的价值的精辟总结:"可以连接任何位置的数据,然后通过令人惊叹的交互式可视化效果来浏览数据""发布报表和仪表板、与团队协作,并在组织内外共享见解""随时随地获取见解"。

图 1.3.1

有的读者可能会问:何以见得此为 Power BI 的高明之处呢?其他 BI 工具,例如 Tableau,也可以达到这种效果啊!的确没有错,能实现这些功能的产品不仅一家。参照 BI 平台魔力象限图,可以看出微软在领导者象限中一枝独秀,并且在过去 13 年中处于领导者地位。尽管此排名是以微软品牌的总体来打分的,但 Power BI 作为微软目前核心的可视化数据分析软件,足以代表微软在 BI 平台方面的最高水准。

1.3.2 Power BI 与 Excel

有的读者会问,Excel 难道就不是一个自助式 BI 工具吗?为什么还需要使用 Power BI 呢?Excel 的确具有 BI 工具的许多特性,如果从这个角度理解,那么 Excel 的确还是市面上使用最广泛的"BI 工具"。有一个笑话可以说明 Excel 的用途广泛。

问:BI 工具中使用频率第三高的按钮是什么?

答:"导出为 Excel"。

问:那么第一与第二高的按钮是什么呢?

答:"Yes"和"No"。

这里不妨对比一下 Power BI 与 Excel 这两款工具的差别。前文说过 Power BI 是 Excel 的加强版，那么它强在哪里？首先，Power BI 解决了 Excel 的 3 大难题：

- Excel 有无法突破 104 万行数据的限制及超慢的数据处理速度；Power BI 有数据建模功能，处理超过 100 万行的数据很轻松。
- Excel 通过 Vlookup 函数建立大表，会产生冗余数据和让人难以想象的复杂调用；Power BI 有表关联功能，只需要建立 Relationship（关系）就可以完成 Lookup（查找）任务，不再需要 Vlookup 函数了。
- Excel 通过不断重复书写公式，完成各种复杂的计算，令表中的计算难以维护；Power BI 有 DAX 公式，一次编写公式，永久有效，避免重复编写冗余公式。

除此之外，Power BI 比 Excel 更加完善的地方还有许多，以下只是列举其中一些重要的特性。

- Power BI 增加了 Power BI Service Online 分享发布功能，使内容发布与分享更为便利。
- Power BI 增加了丰富而强悍的可视化组件，使用户更容易理解和洞察数据背后的规律。
- Power BI 增加了 AI 高级分析功能，帮助用户洞察数据。
- Power BI 与 Office 365、Azure 和 Dynamic 365 可以无缝对接，形成了强大的协同生态体系。

既然 Power BI 如此强大，是否可以直接用 Power BI 替代 Excel？答案是否定的。下面是 Power BI 不能做的事情。

- Power BI 不是编程工具，不能完成 Excel VBA 的复杂逻辑。
- Power BI 不能处理非结构性数据。
- Power BI 不能用于事务性处理（OLTP）。
- Power BI 本身只能分析数据，通常不用于回写数据。

基于这几点，Excel 的优势就显现出来了。实际上，在 Excel 中也可以使用 Power BI 中的数据模型功能（本书中将使用数据模型功能的 Excel 称为 Power Excel，用于与传统的 Excel 进行区分）。图 1.3.2 为使用 Power Excel 进行股票回归测试，其背后所使用的技术是 VBA + Power Pivot。

Power BI 与 Power Excel 在技术上是相通的，同宗同源，如图 1.3.3 所示，它们都使用了 Power Query（获取准备）与 Power Pivot（数据建模）模块。对比而言，Power BI 更适合于可视化分析解决方案，而 Power Excel 更适用于事务型与表格型分析的混合解决方案。

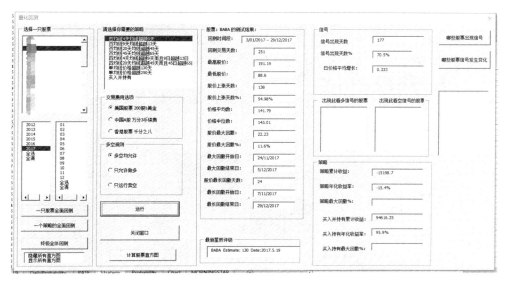

图 1.3.2

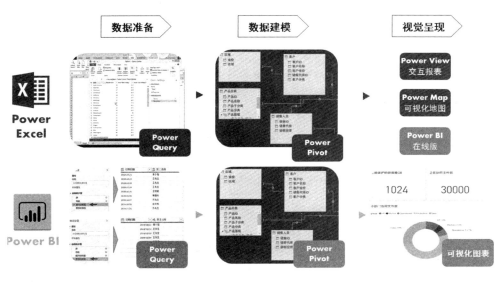

图 1.3.3

1.3.3　Power BI 与 Python、R

应该学习 Power BI 还是 Python、R 呢？Power BI 与 Python、R 既有互补又有竞争的关系，为什么这样说呢？虽然 Python 和 R 语言简练，但它们还不属于低代码级别的应用，也不能通过 IDE（集成开发环境）完成开发。"全民学 Python"和"全民学 R"的想法基本不太现实。

而原先依赖 Python 和 R 的可视化分析现在可以用 Power BI 来实现了,从这个角度而言,它们是竞争的关系。另外,Power BI 支持嵌入 Python 和 R 的可视化控件,一部分在 Power BI 中无法实现的可视化分析,可以通过嵌入 Python 和 R 的可视化控件来实现,从这个角度而言,它们又是互补的关系。那么究竟先学哪个好呢?如图 1.3.4 所示,笔者认为 Power BI 类似中学课程,适用人群更广。而 Python 和 R 属于大学课程,学习难度要大一些。

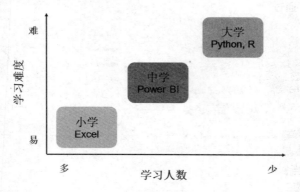

图 1.3.4

当然,即使你目前已经有"大学生"的水平,回头看一下中学课程也是很有益处的:用更简便的方法实现相同的目的,谁会拒绝这样的选择呢?

1.3.4 Power BI 中的分析语言

在 Power BI 中进行数据分析时,需要使用到 3 种"神器":M 语言、DAX 语言和表关联。为了更好地了解它们的用途,可以将数据可视化分析过程理解为烹饪的过程,如图 1.3.5 所示。过程分为 3 个阶段:洗菜、烹饪与就餐。而 M 语言就是洗菜用的工具、DAX 语言和表关联就是烹饪用的工具。

图 1.3.5

首先介绍 M 语言。在数据分析中，如果没有洗菜，就会是"Garbage in, Garbage out"（垃圾进，垃圾出）。从中可以看出数据准备的重要性。根据《哈佛商业评论》的调查研究，在数据分析中，准备数据要用掉 80%的时间，真正用在分析上的时间只有 20%。如果没有数据清洗，那么再炫酷的可视化分析工具也失去了意义。

Power BI 的功能可谓是非常全面的。首先，M 语言的操作大部分都可以通过 IDE 界面完成。对于一般的数据清洗，用户在不用写一行代码的情况下就可以完成。另外，资深用户还可以直接使用高级功能：通过编写 M 公式来完成更为复杂的数据清洗任务，前提是用户需要先学习 M 语言的知识。

DAX，即 Data Analysis Expression，是数据分析工具的核心功能，也是 Power BI 的灵魂。DAX 的历史比 Power BI 还要久。DAX 可以应用的逻辑场景很丰富，一些在 SQL 或者 Excel 中也未必能表达出的逻辑，用 DAX 总能轻而易举地完成。许多用户早已被 DAX 的简练、高深、优雅所深深折服。

最后是表关联。因为 Power BI 具有 SQL 的"基因"，所以它在建模方面有着得天独厚的优势：通过拖曳的方式可以快速定义各个表之间的关系，非常直观、简洁。设计优秀的模型，就好比把房子盖在磐石上：当发大水时，因为房子盖在磐石上，所以不会被冲倒，住户的安全得到了保护。不良的模型设计好比把房子盖在沙土上，水一冲，房子就倒了，连房子里的住户都会一起遭殃。

1.3.5　Power BI 的企业级应用

经过多年的深耕细作，如今的 Power BI 已经不仅仅是数据可视化分析工具，也成了企业级 BI 解决方案。企业级 BI 解决方案强调的是从性能与量级考虑解决方案的稳定性。图 1.3.6 为 Azure 与 Power BI 结合的企业级 BI 解决方案。

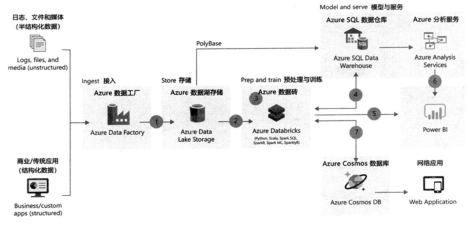

图 1.3.6

从数据连接角度而言，在 Power BI 中可以通过选择导入、直连、混合连接等连接模式，满足各种数据量级的需求。从平台角度而言，可以通过 Analysis Services、Power BI Premium、Power BI Embedded 等工具满足企业级的运算性能需求。

1.4　Power BI 报表开发流程

Power BI 的功能十分强大且易上手。但是要挖掘出数据的价值，除有好的工具外，还需要有正确的数据挖掘理论指引。下面介绍在 Power BI 报表开发过程中可以指导数据挖掘的方法论，供读者参考。

在笔者的第一本书《商业智能数据分析：基于 Power BI 和 Tableau》中，曾经介绍了 CRISP-DM（跨行业数据挖掘标准流程）模型，如图 1.4.1 所示。该模型具有普遍性，适用于不同的开发报表场景。模型外围的圆圈代表流程可周而复始地自我迭代，增量开发新的需求。该模型中包括 6 个步骤：

- **商业理解**（Business Understanding）：要解决什么商业分析问题。
- **数据理解**（Data Understanding）：有什么数据可以支持分析。
- **数据准备**（Data Preparation）：准备结构化数据并导入。
- **建立模型**（Modeling）：建立数据表关系、度量和字段。
- **模型评估**（Evaluation）：评估数据模型是否满足分析需求。
- **结果部署**（Deployment）：将开发应用部署和分享。

虽然说 CRISP-DM 模型具有普遍性和学术性，但对没有数据分析背景的用户来说，"数据准备"和"模型评估"这类词还是稍显陌生。

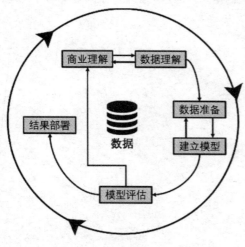

图 1.4.1

图 1.4.2 是基于 CRISP-DM 模型改良的 Power BI 可视化分析流程，更为通俗易懂，也更加贴近 Power BI 的报表开发步骤。

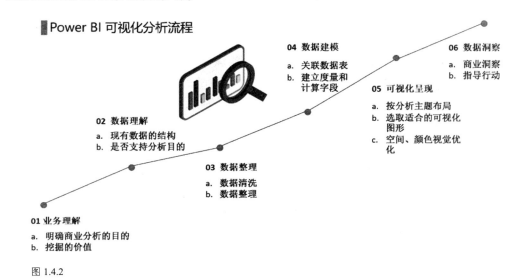

图 1.4.2

无论是 CRISP-DM 模型还是 Power BI 可视化分析流程，二者的核心思想都是高度一致的：结果必须满足业务分析的需求。

那么探索性分析也可以按以上步骤进行吗？开发者可能最初不了解需要挖掘的结果。即使是探索性分析，分析人员也会对分析目的先做假设，再通过分析印证假设的真实性。所以，以上步骤仍然有效。

CRISP-DM 模型只是告诉了分析人员做什么，但是没有具体说明怎么做，还有更多落地的方法吗？CRISP-DM 模型只是框架，告诉分析人员要做什么（What to do）。接下来的内容将介绍如何去做（How to do）。

1.5 敏捷 BI 开发模式

本节介绍敏捷开发 BI 方法，即解决如何去做的问题。

1.5.1 敏捷 Scrum 方法介绍

敏捷开发模式更适合轻量级的 BI 项目开发，其优点在于高效与简捷。Scrum 是最为常见的敏捷开发方法，图 1.5.1 为 Scrum 方法的开发流程。

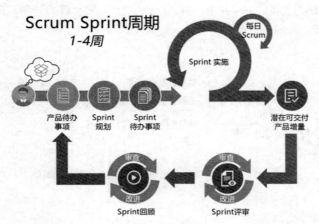

图 1.5.1

想全面了解有关 Scrum 方法的读者可参考相关专业书籍。本节仅在《Scrum 最佳指南》一书中挑选以下几条重点原则加以介绍：

- 设立产品待办事项列表、规划与增量环节。
- 在项目初期交付最小可行性产品。
- 商业智能与预测分析。
- 积极接受变更需求（包括在项目后期）。
- 鼓励项目人员参与 Daily Scrum（站立会议）。
- 设立 Scrum 角色。
- 在 Sprint 结束时会举行 Sprint 评审和 Sprint 回顾会议。

1. 产品待办事项列表、规划与增量环节

Scrum 方法是增量交付产品，开发团队在了解项目需求后，会将需求分解为待办列表（Backlog List），每项包含一个简短描述、时间估算、商业价值评估和优先次序。产品负责人会定期回顾待办事项，及时删除不需要的事项或添加新的事项。然后，项目会被划分为块，每个块为一个冲刺（Sprint）。理想中，每个冲刺的时间长度应相同（通常为 14 天到 30 天）。根据商业价值和优先次序，团队会往块中填充待办事项，形成冲刺代办事项（Sprint Backlog）并分配给团队成员。一个冲刺交付的产品被称为增量，增量总和则等于最终交付的产品。图 1.5.2 为具体的代办事项内容与事项分配示意图，图 1.5.3 为待办事项与冲刺的关系。

所有者	待办事项
所有者 A	待办事项001
所有者 B	待办事项002
所有者 C	待办事项003

待办事项 001: 准备 Master 表格
SKU 表格
Calendar 表格
Country 表格

小时数：3

待办事项 003: 创建关系

小时数: 2

待办事项 002: 准备 Fact 表格
Actual Finance Data 表格
Manual Input 表格

小时数: 5

待办事项 XX:

小时数: XX

图 1.5.2

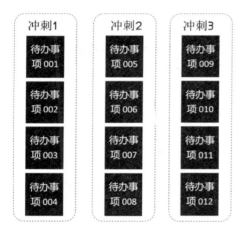

图 1.5.3

2. MVP（最小可行性产品）

冲刺的目标为交付一个完整的 MVP（Minimum Viable Product，最小可行性产品）。以图 1.5.4 中所示的自行车为例，每一次迭代交付的产品是一个完整的可以使用的产品，而下一个版本是基于前一版本开发的，因此，迭代自身是符合自然事物发展规律的，并且特别适用于轻量级别产品的开发。

图 1.5.4

3. 接受需求变更

图 1.5.5 为项目 4 要素构成图。在 Scrum 方法中，成本、质量与时间因素都是不变的，而项目范围可根据实际情况进行调整。Scrum 方法不回避变更需求，当在固定因素条件下与新变更需求发生冲突时，项目负责人需重新定义交付的 MVP 范围。

图 1.5.5

4. Daily Scrum（站立会议）

体量轻的团队可以进行 Daily Scrum，会议主要讨论项目更新与下一步行动计划、目前的阻力等问题。通常 Daily Scrum 为 15 分钟。每位成员需要回答 3 个基本问题：

- 至上次 Daily Scrum 后，我有什么更新。
- 在下次 Daily Scrum 前，我将会做什么。
- 目前我遇到了什么挑战。

Daily Scrum 应在固定时间、固定场所举行，一周 5 天共花费 75 分钟，与开一次普通会议所花费的时间相当，但效率显著提高了。Daily Scrum 避免了团队成员懈怠并持续输出。

5. 设立 Scrum 角色

敏捷的概念虽然很简单，但在真正实践时会遇到不少问题。图 1.5.6 为 Micro BI 设定的 Scrum 角色职能，其中有 3 个必要专属角色：产品负责人、产品开发团队和业务领域专家。业务领域专家岗位是一个服务型岗位，以"服务"的理念提供 Scrum 方法和流程管理，让大家一起克服项目中的困难。需要注意，Scrum 原则上是专人专岗，但在小团队中，一位成员有可能身兼多职。

产品发起人（业务）：
- 确认产品的特征
- 业务用户的代表
- 有交付产品的所有权

产品负责人（BI）：
- 确保每个团队成员能够完成工作
- 举行会议
- 项目监控和促进产品发布计划
- 在SCRUM方法论中担任顾问角色
- 为案例进行数据集架构设计

产品开发团队：
- 开发产品
- 测试产品

业务领域专家：
- 提供业务和源系统逻辑的咨询
- 协助将业务和功能逻辑转换为技术逻辑

图 1.5.6

6. Sprint 评审和 Sprint 回顾会议

在冲刺结束前，团队可以举办评审，向产品负责人和利益相关者演示可用的产品并接受评价。回顾是为了更好地前进，在冲刺结束后，团队还可以召开回顾会议，目的是总结经验与教训，如图 1.5.7 所示。

图 1.5.7

1.5.2 敏捷 BI 开发方法

下面将 CRISP-DM 模型与 Scrum 方法合并到一起，组合成敏捷 BI 开发方法。该方法适用于轻量级 BI 项目的开发。图 1.5.8 为敏捷 BI 开发方法流程图。

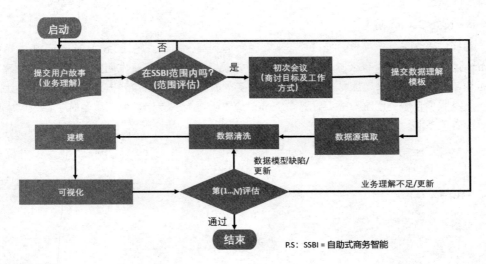

图 1.5.8

以下针对流程图中的几个特色环节进行探讨。

1. 提交用户故事

此环节在于收集用户的分析需求,分析师应该引导用户提出具体、明确的分析目的。例如,通过图 1.5.9 所示的表格,帮助用户梳理初步分析需求。

	角色 1	角色 2	角色 3
特征1			
特征2			

图 1.5.9

2. 范围评估

在明确了用户的分析需求后,下一步是对需求进行范围及优先度评估。将优先度从高到低进行排序。

3. 提交数据理解模板

在此步骤中,分析师会与用户一起评估现有哪些数据可被使用,是否足以支撑分析所需,为后面的建模工作奠定基础。为了标准化该流程,笔者设计了一套数据收集模板工具,具体包含以下几个组件。

- 主数据表:如图 1.5.10 所示,列出了所涉及的主数据表。
- 事实数据表:如图 1.5.11 所示,列出了所涉及的事实表。
- 数据关系:如图 1.5.12 所示,列出了所涉及的表之间的关系。
- 度量:如图 1.5.13 所示,列出了需要的度量名称、定义与公式。

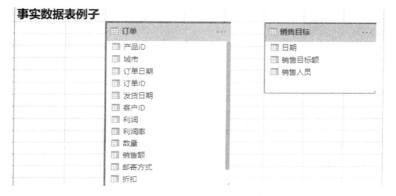

图 1.5.10

图 1.5.11

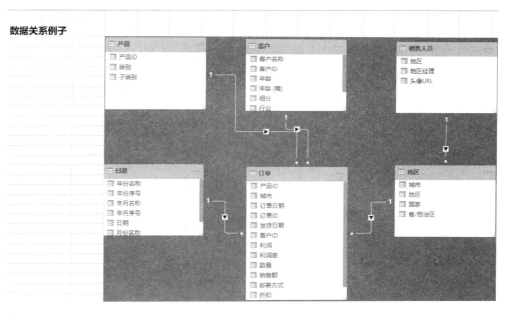

图 1.5.12

度量例子			
	度量名称	商业定义	公式
	销售总额	求和销售额	SUM(销售额)
	利润总额	求和利润额	SUM(利润额)
	利润%	利润总额/销售总额	利润总额/销售总额

图 1.5.13

1.5.3 项目成本控制

有的读者会问，该如何对项目进行成本控制？在每个项目初始阶段，Micro BI 团队都会提供 40 小时的顾问支持作为项目投入成本，这部分支持是不收取费用的。项目开发的完成度与用户自身的成熟度及沟通效率是成正比的。当 40 小时用完后，项目没有完工怎么办？图 1.5.14 给出了答案，在此情况下，业务人员可以选择通过正常付费项目的形式继续剩余的工作，或以自助的方式完成。

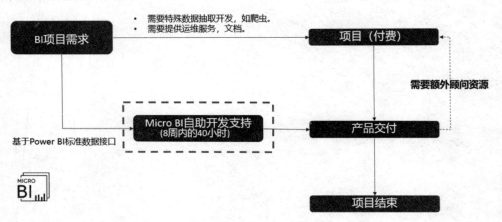

图 1.5.14

这样做也对项目的风险进行了控制，假设项目中途因故终止，损失的成本可控制在 40 小时以内。项目的终止不是一件负面的事情，相反，通过敏捷的方式在短时间内完成评估，其本身就是一件非常有价值的事情。

第 2 章 从一个商业智能分析案例认识 Power BI

本章会通过示例介绍如何创建 Power BI 报表。在正式开始介绍之前，需要提示一下，本书示例中所使用的 Power BI 为 2020.6 版本，菜单模式为 Office 风格菜单，而非 Power BI 经典风格菜单。使用经典风格菜单的读者可升级版本至 Power BI Desktop 或是在旧版本中选择"文件→选项和设置→选项→预览"命令，在打开的对话框中勾选"更新的功能区"选项。

2.1 业务理解

本章示例的报表开发将遵从前文提及的 Power BI 可视化分析流程进行，第一个阶段为业务理解，即明确分析的目标。以下是本示例的主要分析目标：

- 产品销售历史趋势
- 产品销售地理分布
- 客户年龄段分布
- 产品销售利润率计算
- 员工销售排名
- 销售额与利润的关联
- 提高销售利润的关键

2.2 数据理解

图 2.2.1 为数据源文件，一共有 8 个表，分别为：

- 销售表（FactSales）
- 退货表（FactSalesReturn）

- 员工表（DimEmployee）
- 产品表（DimProduct）
- 日期表（DimDate）
- 客户表（DimCustomer）
- 销售地理表（DimGeography）
- 销售目标表（SalesTargets）

	ShipDate	ShippingL	CustomerKe	City	ProductKey	SalesAmoun	Amount	Discount	NetSales
2	27/09/2011	Standard	Denise-21880	Cranbourne	Official-Lashing-10004597	154.98	3	0	57.12
3	27/09/2011	Standard	Denise-21880	Cranbourne	Official-Label-10003717	117.88	2	0	55.16
4	24/12/2011	Level One	Destiny-11830	Marysville	Official-Paintings-10003259	1251.6	5	0	162.4
5	24/12/2011	Level One	Destiny-11830	Marysville	Official-Label-10003572	151.2	3	0	63.42
6	24/12/2011	Level One	Destiny-11830	Marysville	Furniture-Appliance-100028	829.92	8	0	173.6
7	29/01/2011	Level Two	Alvin-10240	Augsburg	Official-Bookbinding-10000	124.32	2	0	23.52
8	28/09/2011	Standard	Angela-14605	Shawnee	Furniture-Appliance-100047	473.2	4	0	155.68
9	28/09/2011	Standard	Angela-14605	Shawnee	Furniture-Chair-10002328	274.54	1	0	128.94
10	28/09/2011	Standard	Angela-14605	Shawnee	Official-Storage-10002025	584.36	2	0	11.48
11	28/09/2011	Standard	Angela-14605	Shawnee	Official-Storage-10004612	3950.24	4	0	1461.04
12	28/09/2011	Standard	Angela-14605	Shawnee	Official-Lashing-10004588	315.7	5	0	59.5
13	28/09/2011	Standard	Angela-14605	Shawnee	Official-Appliances-1000282	1170.96	3	0	257.46

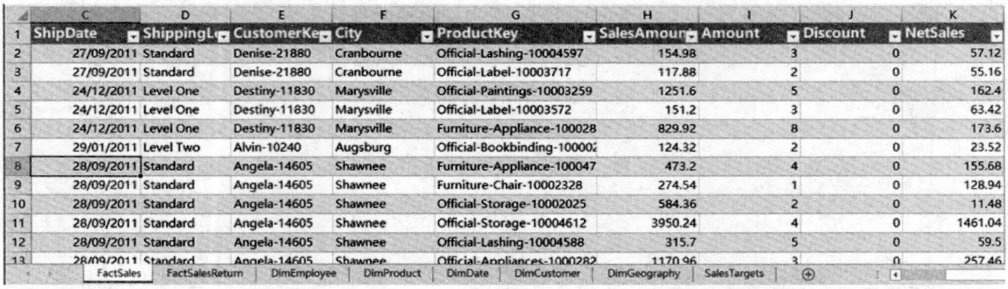

图 2.2.1

由于本示例的分析不涉及退货与销售目标分析，因此本阶段不使用 FactSalesReturn 表和 SalesTargets 表中的数据。销售数量、日期、地点、人物、物品这些数据都存在于其他表中，基本满足分析需求。

2.3 数据整理

将数据导入 Power BI 中并整理数据。开启 Power BI，单击“主页→Excel”命令，见图 2.3.1。在弹出的对话框中选择 Excel 文件所存放的路径，单击“打开”按钮。

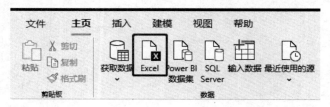

图 2.3.1

打开后的内容如图 2.3.2 所示，读者会发现显示的内容有重复，例如有两个销售表、两个客户表，只是图标略有差别。这是怎么造成的呢？上方的图标代表 Table，下方的图标代表 Sheet。图 2.2.1 中的 FactSales. sheet 其实又被转换成了 FactSales. table。

勾选除 Sales Targets 表与 FactSalesReturn 表以外的表格，见图 2.3.3。也可以在按着 Shift 键的同时用鼠标多选表格，单击“转换数据”按钮。

图 2.3.2

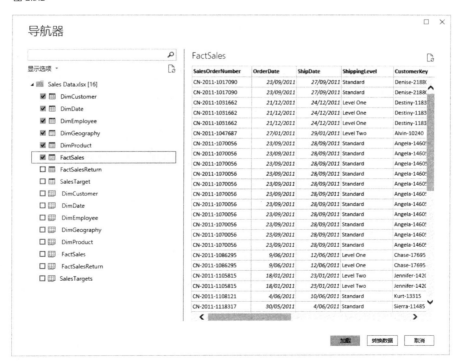

图 2.3.3

此时界面跳转至 Power Query 编辑器中，数据整理通常在此界面下完成，见图 2.3.4。由于本示例中的数据是"干净"数据，所以不需要额外的操作，单击"关闭并应用"按钮暂时跳过此步骤，后文会专门介绍此功能。

图 2.3.4

2.4 数据建模

2.4.1 创建局部模型视图

1．数据建模

完成了数据整理后，进入下一个阶段——数据建模，即定义数据表之间的关系。图 2.4.1 为导入成功后的数据模型，在模型视图下，Power BI 已经自动建立了大部分数据关系。

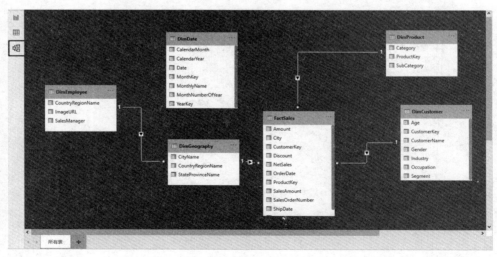

图 2.4.1

但 DimDate 表与 FactSales 表之间仍需要手动建立关系，这是因为表中没有"Date"字段。另外，Sales 表中有"OrderDate""ShipDate"两个日期字段，而 Power BI 不知道如何建立关系。

用户只需手动将 DimDate 表中的"Date"字段拖曳至 FactSales 表的"OrderDate"字段上方即可，之后两张表之间就形成了一对多的关系。这与 Excel 中的 Vlookup 函数功能相似，但其操作简单，且不影响报表性能，如图 2.4.2 所示。注意，还有一条虚线连接了"Date"与"OrderDate"字段，代表非激活的关系。在 Power BI 中，任何两张表之间，只能同时最多存在一个激活关系。

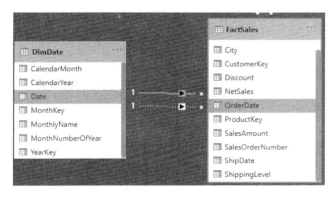

图 2.4.2

当模型中的表数量过多时，会导致表之间的关联变得复杂，不利于用户分析和理解表之间的关系。为此，新版 Power BI 提供了局部视图功能，单击图 2.4.1 下方的"+"按钮，即可添加一个新栏"Geo"。将表"DimGeography"从右侧面板中拖曳至窗口的中央区域，并在该表上单击鼠标右键，在弹出的快捷菜单中单击"添加相关表"命令，如图 2.4.3 所示。

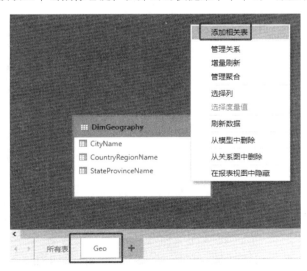

图 2.4.3

添加完成后图中出现了 FactSales 表与 DimEmploys 表，相当于显示了整体关系图的局部视图，如图 2.4.4 所示。在复杂的模型中，局部视图为用户提供了便利。

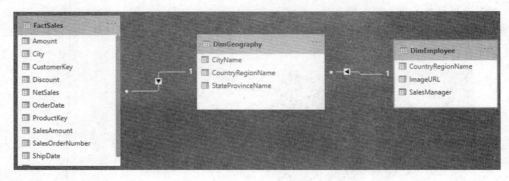

图 2.4.4

右击 DimEmployee 表，在弹出的快捷菜单中有"从关系图中删除"与"从模型中删除"两个命令，见图 2.4.5。若选择"从关系图中删除"命令，则只是将报表从关系视图中移除，不影响整体的模型关系。若选择"从模型中删除"命令，则会影响现有的模型关系。如图 2.4.6 所示，在"Geo"视图中选择从模型中删除 DimEmployee 表后，DimEmployee 表在模型中也消失了。

参照前文重新添加删除的表后，即可恢复该表，如图 2.4.7 所示。

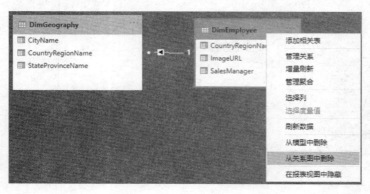

图 2.4.5

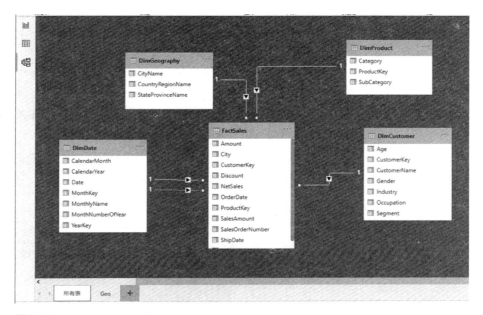

图 2.4.6

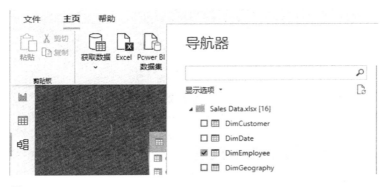

图 2.4.7

2.4.2 创建计算字段与度量

创建计算字段与度量也属于数据建模的范围。在本示例中会计算利润与利润率、消费者年龄组和销售年的同比。在 Power BI 的真实开发场景下,数据建模与可视化呈现可能是并行的。但为了条理更清晰,特此先介绍数据建模的内容。

1. 利润求和

首先在数据视图下观察销售表,见图 2.4.8。SalesAmount 字段代表销售额、NetSales 字段代表利润,利润值即为 NetSales 的总和。

图 2.4.8

参照图 2.4.9，先选择报表视图，即单击"卡片图"选项，将"NetSales"字段拖入可视化图中，显示结果为"2.16 百万"（单位是可以设置的）。这就是销售利润汇总结果。

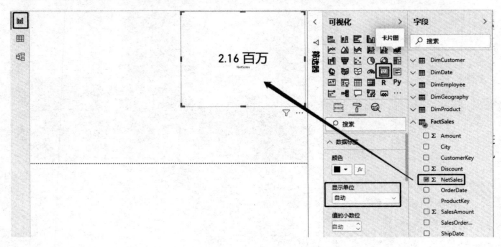

图 2.4.9

请留意"NetSales"字段旁的"Σ"图标，其代表该字段可被聚合。单击字段对应的下拉菜单，可见 Power BI 提供了多种聚合方式，如求和、平均值、最大值、最小值等，如图 2.4.10 所示。

图 2.4.10

我们将这种不通过公式就直接可用于聚合的度量称为隐式度量，这与 Excel 中的数据透视表的用法一致。

2. 利润率

下一步计算利润率。回到"数据"视图中，选中 FactSales 表。选择"表工具→新建列"命令。在公式栏中输入公式 Proft% = DIVIDE([NetSales],[SalesAmount])，单击列工具中的%符号，就新建了一个名为 Profit%的利润率计算字段，如图 2.4.11 所示。图中每一行利润率是该行记录对应的利润率。DIVID 公式为非除以 0 公式，即分母不可以为 0，防止除数为 0 出错。

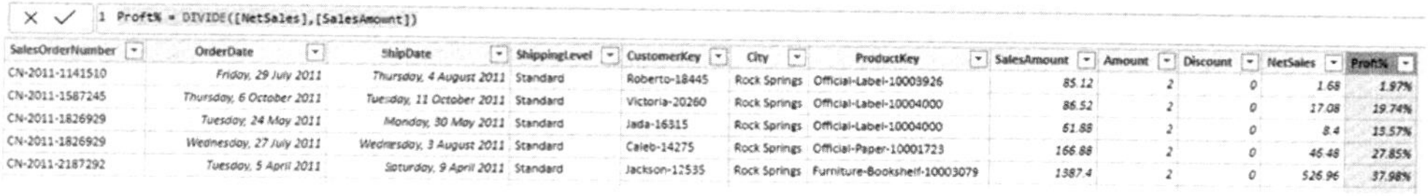

图 2.4.11

参照前文，再创建一个卡片图，将新创建的 Profit%字段放入可视化图中，如图 2.4.12 所示。显然这个结果是错误的，因为它是利润的求和而非求平均值。

图 2.4.12

根据前文已知，这个问题是由于默认的聚合导致的，将其聚合方式改为"平均值"，利润率即变为 8.62%，如图 2.4.13 所示。

这个值看似正确，其实仍然是错误的。因为该值为所有利润率汇总的平均值，而正确的做法是先汇总利润（分子）和汇总销售数量（分母），再相除。这也是隐式度量的限制。为了得出正确的利润率，可以参照图 2.4.14 所示的方式创建 3 个度量：

```
Sales = SUM('FactSales'[SalesAmount])  //销售数量求和
Profit = SUM('FactSales'[NetSales])  //利润求和
Profit% = DIVIDE([Profit],[Sales])  //求利润率
```

图 2.4.13

图 2.4.14

> **注意**：在度量公式中，"'"后面的是 Table 信息，"["后面的是字段名称。Power BI 有智能提示功能，按【Tab】键可以快速填充公式。Profit%度量是由 Sales 和 Profit 嵌套形成的。我们将这种通过公式完成的度量称之为显式度量。凡是显式度量，一定要使用 Table[Field]指定字段名称，不能直接用[Field]，否则容易产生计算错误。

参照图 2.4.15，将创建的 Profit%度量放入卡片图中，注意，在显性度量下拉菜单中不再有聚合选项，因为公式中的 SUM 函数已经明确了聚合方式为求和。13.38%是正确的平均利润值。

为方便读者理解，图 2.4.16 对比了两种计算利润方法的差别。显然，第一种计算方法的错误之处在于其直接计算每一行的平均利润%，而第二种计算方法是分子和分母分别聚合，再相除。

在通常情况下，建议用户优先使用显式度量，尤其对于涉及两个或以上变量的计算，以避免以上例子中不必要的错误。表 2.4.1 为隐式度量与显式度量的对比。

图 2.4.15

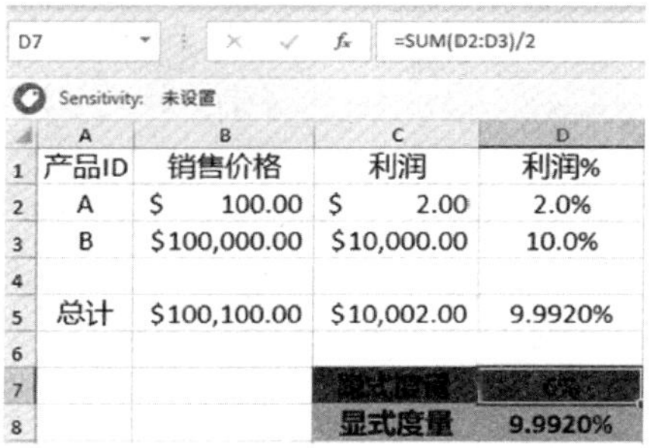

图 2.4.16

表 2.4.1

对比项目	隐式度量	显式度量
方便程度	非常方便	略为逊色
聚合方式	灵活，可变	固定，明确
嵌套计算	不可以	可以
计算潜在错误概率	高，如本例	低，完全遵从公式

2.4.3 利用"快度量值"功能计算同比值、平均值、星级评分

用户可以通过 Power BI 中的"快度量值"功能,以无代码的方式快速创建度量,提高工作效率。对于特别复杂的度量,仍然需要手工创建。

1. 计算年度同比值

单击图 2.4.18 中的"快度量值"命令,在打开的对话框中将"计算"设为"年增率变化","基值"设为度量 Sales,"日期"设为 Date,"期间数"设为 1,代表计算 1 个单位的年同比值,单击"确定"按钮完成,如图 2.4.19 所示。

图 2.4.18

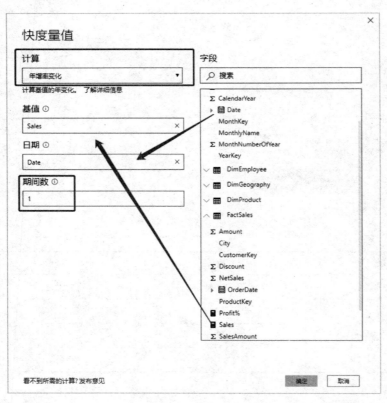

图 2.4.19

在字段栏中找到前面创建的同比值，在公式栏中观察其对应的代码，如图 2.4.20 所示。代码的核心是 CALCULATE 函数。该函数的作用是进行筛选上下文（Filter Context）的转换，其中筛选部分使用了 DATEADD 函数筛选去年同比值。VAR…RETURN 函数中的 VAR 参数用于存储变量，RETURN 参数用于输出变量计算结果。这种写法易于阅读和理解。

```
1  Sales YoY% =
2  IF(
3      ISFILTERED('DimDate'[Date]),
4      ERROR("时间智能快速度量值只能按 Power BI 提供的日期层次结构或主日期列进行分组或筛选。"),
5      VAR __PREV_YEAR = CALCULATE([Sales], DATEADD('DimDate'[Date].[Date], -1, YEAR))
6      RETURN
7          DIVIDE([Sales] - __PREV_YEAR, __PREV_YEAR)
8  )
```

图 2.4.20

2．计算月度平均值

参照前面的步骤，再次打开"快度量值"对话框，将"计算"设为"移动平均"，然后参照图 2.4.21 配置参数，此处为计算 12 个月的月度销售平均值。

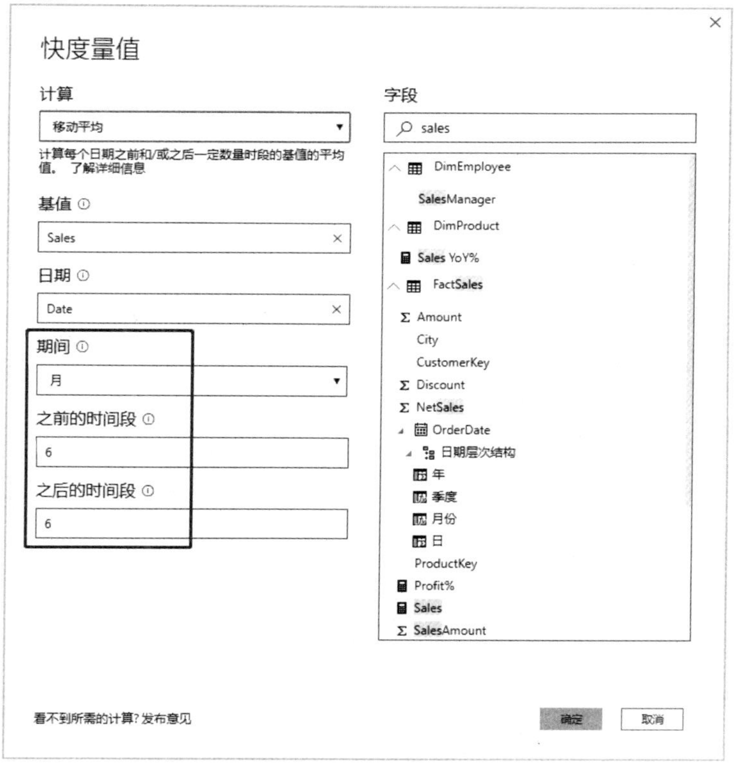

图 2.4.21

图 2.4.22 为快度量值自动产生的代码，其中的重点部分为：

DATESBETWEEN：选取时间范围，此处选取当前时间前后 6 个月的数据。

AVERAGEX(CALCULATETABLE(SUMMARIZE(VALUES())),CALCULATE()：这部分稍微复杂，使用了多重嵌套函数。因为 DAX 的计算方向是从内向外的，因此这里也依据该顺序介绍 DAX 函数。

VALUES()：返回字段中唯一值的表。

SUMMARIZE()：摘要表函数，依据提供的表进行分组，此处根据日期表，得出月份字段。

CALCULATETABLE()：与 CALCULATE 函数相似，但返回对象为表。此处用于返回 12 个月的日期表。

AVERAGEX()：平均迭代函数，依据提供的表格与表达式，返回表达式平均值。此处 CALCULATETABLE 函数的返回值为表格输入值、CALCULATE 为表达式。

```
1  Sales 移动平均 =
2  IF(
3      ISFILTERED('DimDate'[Date]),
4      ERROR("时间智能快速度量值只能按 Power BI 提供的日期层次结构或主日期列进行分组或筛选。"),
5      VAR __LAST_DATE = ENDOFMONTH('DimDate'[Date].[Date])
6      VAR __DATE_PERIOD =
7          DATESBETWEEN(
8              'DimDate'[Date].[Date],
9              STARTOFMONTH(DATEADD(__LAST_DATE, -6, MONTH)),
10             ENDOFMONTH(DATEADD(__LAST_DATE, 6, MONTH))
11         )
12     RETURN
13         AVERAGEX(
14             CALCULATETABLE(
15                 SUMMARIZE(
16                     VALUES('DimDate'),
17                     'DimDate'[Date].[年],
18                     'DimDate'[Date].[QuarterNo],
19                     'DimDate'[Date].[季度],
20                     'DimDate'[Date].[MonthNo],
21                     'DimDate'[Date].[月份]
22                 ),
23                 __DATE_PERIOD
24             ),
25             CALCULATE([Sales], ALL('DimDate'[Date].[日]))
26         )
27 )
```

图 2.4.22

3. 星级评分

有趣的是，快度量除可以创建数值度量外，还可以创建非数值度量，如销售额的星级评分，如图 2.4.23 所示。该度量用于制订销售的评分标准，用户可以设置评分的星数、评分值范围。

图 2.4.23

图 2.4.24 显示了系统自动产生的代码，其中的重点部分为：

DIVIDE()：分子为当前销售额值与销售额最小值之差，分母为销售额最大值与销售额最小值之差，结果为分子与分母的比率。

ROUND()：将比率乘以星星个数，再进行取整。

UNICHAR()：显示 UNICODE 字符的值，9733 代表星星个数。

REPT()：按提供的数值重复字符。

```
1 Sales 星级评分 =
2 VAR __MAX_NUMBER_OF_STARS = 5
3 VAR __MIN_RATED_VALUE = 10000
4 VAR __MAX_RATED_VALUE = 100000
5 VAR __BASE_VALUE = [Sales]
6 VAR __NORMALIZED_BASE_VALUE =
7     MIN(
8         MAX(
9             DIVIDE(
10                __BASE_VALUE - __MIN_RATED_VALUE,
11                __MAX_RATED_VALUE - __MIN_RATED_VALUE
12            ),
13            0
14         ),
15         1
16     )
17 VAR __STAR_RATING = ROUND(__NORMALIZED_BASE_VALUE * __MAX_NUMBER_OF_STARS, 0)
18 RETURN
19     IF(
20         NOT ISBLANK(__BASE_VALUE),
21         REPT(UNICHAR(9733), __STAR_RATING)
22         & REPT(UNICHAR(9734), __MAX_NUMBER_OF_STARS - __STAR_RATING)
23     )
```

图 2.4.:24

2.4.4 创建度量专有文件夹

前文创建了数个度量,但度量被散落在不同的表中,如图 2.4.25 所示,这种情况不利于度量的管理与使用。实际上,Power BI 中的度量不依存于任何报表。更合理的方式是将度量统一集中存放管理,具体操作如下所示。

图 2.4.25

1. 创建度量文件夹

单击"输入数据"命令，如图 2.4.26 所示。

图 2.4.26

在弹出的对话框中（见图 2.4.27），更改名称为"度量值"，单击"加载"按钮。

图 2.4.27

选中 Profit 度量，在主表中选择"度量值"命令。度量被移动到新的表中，如图 2.4.28 所示。

图 2.4.28

重复以上操作，直至所有的度量被统一放置在同一个文件夹下。再将"列 1"列删除，如图 2.4.29 所示。

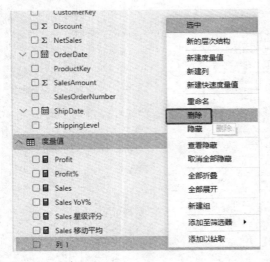

图 2.4.29

参照图 2.4.30 所示的步骤将字段栏打开，发现度量值文件夹的图标发生了变化，因为这里面只存放度量。

图 2.4.30

2．创建度量值子文件夹

在度量值文件夹中提供了统一的存放路径，对于复杂的模型，可能有成百上千的度量。我们可以进一步创建子文件夹。在模型视图下，选中"Profit"度量，在属性栏中的"显示文件夹"中输入"利润度量"，见图 2.4.31 左图。用户可在按 Shift 键的同时选择多个度量，然后一次性命名子文件夹，见图 2.4.31 右图。

图 2.4.31

3. 度量命名规则

最后介绍一下度量的命名规则。好的命名有助于用户理解度量，通过层级命名是一个不错的选择。例如将 Profit%命名为 Profit.Rate；将 Profit 命名为 Profit.Sum，见图 2.4.32。

图 2.4.32

用户还可以为度量添加额外的说明，使其他人在浏览度量时，可以方便地查询度量的详细说明，见图 2.4.33。

图 2.4.33

2.4.5 创建年龄客户组

为了分析客户的销售贡献，需要将客户的年龄进行分组。在数据视图下，在 DimCustomer 表下选中"Age"字段，单击"列工具→组→数据组"命令，见图 2.4.34。

图 2.4.34

在弹出的对话框中，可见字段的最小值和最大值分别为 20 和 60，组类型为"箱"。参照图 2.4.35，对组进行命名，将装箱大小调整为"10"，单击"确定"按钮。

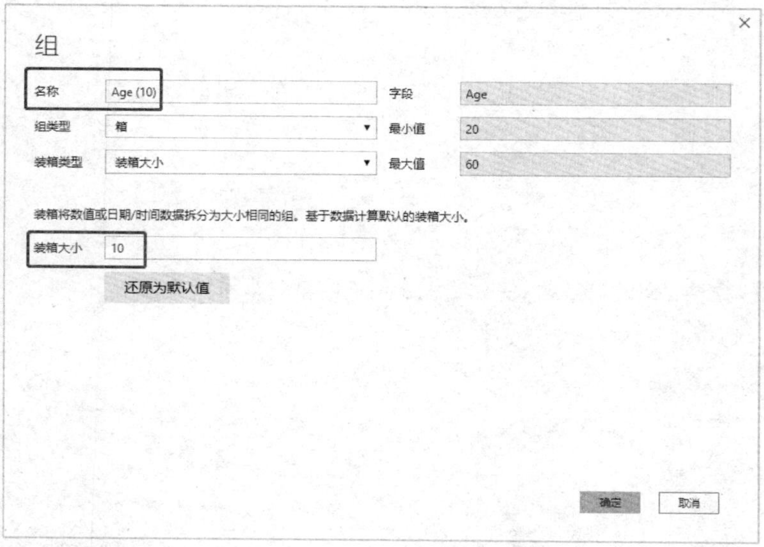

图 2.4.35

图 2.4.36 为新建的客户年龄组，如 30、40、50。字段旁有装箱图标。

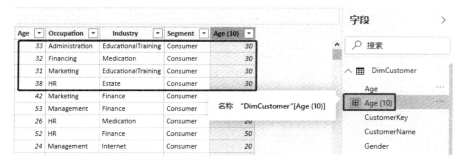

图 2.4.36

用户可根据装箱大小创建不同的年龄组，也可以自行删除，如图 2.4.37 所示。

图 2.4.37

2.4.6 设置地理属性与层级

根据在业务理解阶段的需求分析，需要创建销售可视化地理表。为此，在数据建模阶段，需要先设置地理属性与层级。

1. 地理属性

在数据视图下，在地理表中选中 CountryRegionName 字段，单击菜单中的"列工具→数据类别"命令，在打开的下拉菜单中选择"国家/地区"命令，见图 2.4.38。依次选中 CityName 字段与 StateProvinceName 字段，并参照该方法选择对应的数据类别。

> **注意：**修改后的字段旁出现了地球标示，意味该字段具有地理属性。Power BI 中内置的地图搜索引擎是 Bing。字段类型定义得越准确，Bing 越能准确地定位，如图 2.4.39 所示。

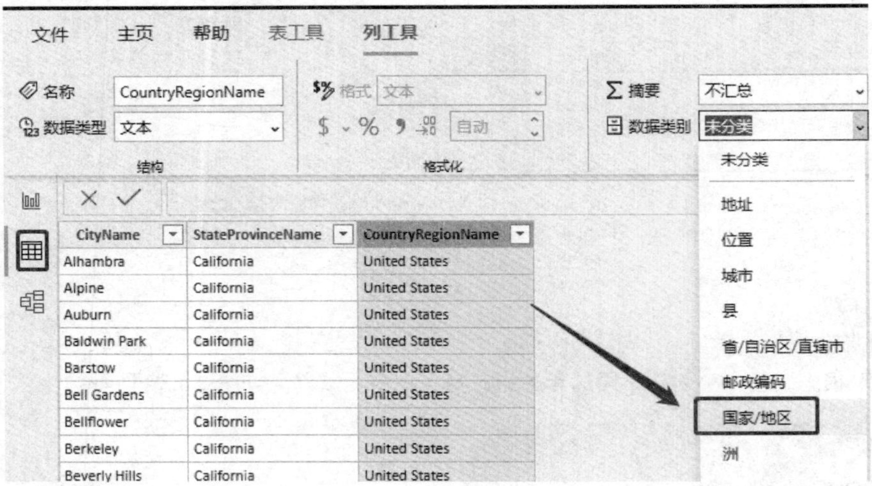

图 2.4.38

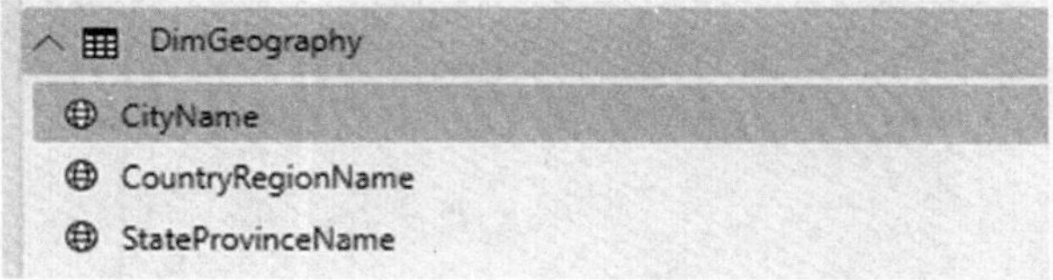

图 2.4.39

2. 地理层级

在数据分析中，各种数据经常会存在依存关系。参照图 2.4.40，右击 CountryRegionName 字段，在弹出的下拉菜单中选择"新的层次结构"命令。依次右击其余字段，在弹出的下拉菜单选择"添加到层级结构"命令中对应的层级，完成层级结构的创建。双击层级结构名称，可为字段重命名。

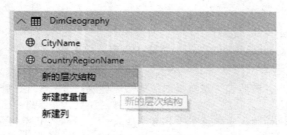

图 2.4.40

3. 产品层级

可参照地理层级，创建产品层级，如图 2.4.41 所示。

图 2.4.41

2.5 可视化呈现

在完成数据建模后,接下来进入可视化呈现阶段。下面通过介绍数个可视化报表案例,帮助读者理解 Power BI 的可视化报表制作。

1. 地理销售条状图

在报表视图中,参照图 2.5.1 所示的步骤,在可视化图中选中"簇状条形图",在轴与值栏中分别放入相应的字段与度量,即可创建可视化报表。

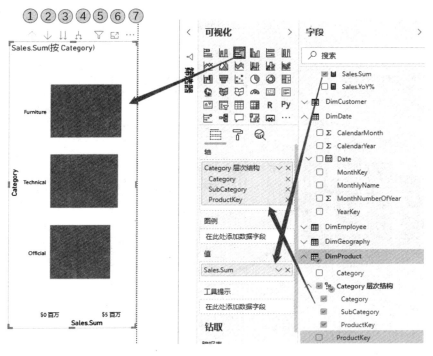

图 2.5.1

注意：在图 2.5.1 左上方出现了几个图标，它们分别代表：

（1）上钻——向上钻取。

（2）深化下钻——只向下钻取选中的数值条。

（3）不带层级的下钻——单纯的向下钻取。

（4）带层级的下钻——保持层级属性的向下钻取。

（5）可视化图的切片器选项——为可视化图设置内置筛选。

（6）焦点模式——放大可视化图。

（7）更多选项——导出数据（导出为 CSV 格式数据）、以表的形式显示（图与表并存）、删除、聚焦、降序、升序、排序方式（以何种方式排序）。

3．年同比销售与销售同比图

参照图 2.5.2，选择折线图和堆积柱形图制作销售历史与销售同比图。其中设置"共享轴"为日期表中的 Date 字段、"列值"为 Sales.Sum 字段、"行值"为 Sales.YoY%字段。注意，2015 年的数据是缺失的，在筛选器中的"Date-年"字段下设置"筛选类型"为"高级筛选"，显示值满足的条件为"小于 2015"，单击"应用筛选器"按钮完成筛选。

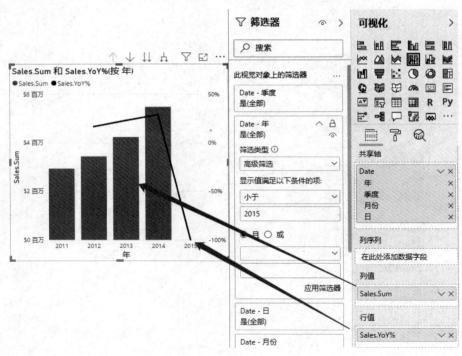

图 2.5.2

4．地理层级分布图

设置地理层级为"位置"、销售额为"大小"。创建地理分布图，在"气泡"选项下可调整气泡的大小，如图 2.5.3 所示。

图 2.5.3

5．客户组销售

以前文创建的客户年龄组为 X 轴创建柱形图，如图 2.5.4 所示。

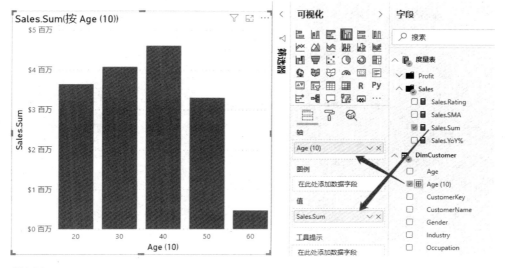

图 2.5.4

6. 销售人员排名

参照图 2.5.5，在数据视图中选中 DimEmployee 表，将 ImageURL 字段的数据类别改为"图像 URL"，目的是读取 URL 指向的图像。

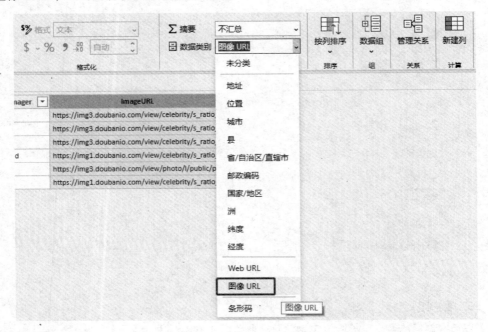

图 2.5.5

创建排名度量。其中公式中的 IF 函数用于判断员工字段是否有值，如果无值则不显示，目的是避免总计行出现在排名中。RANKX (ALL ('DimEmployee'), [Sales.Sum])则是依据表达式[Sales.Sum]对 ALL ('DimEmployee')进行排名，即按销售额排名。

```
Sales.Ranking =
IF (
    HASONEVALUE ( 'DimEmployee'[SalesManager] ),
    RANKX ( ALL ( 'DimEmployee' ), [Sales.Sum] )
)
```

在报表视图下创建表，并拖入 Manager 字段、图片及创建的销售度量排名，可在格式下的"对齐方式"选项中调整字段的对齐方式，如图 2.5.6。

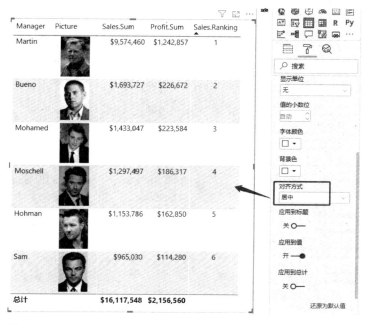

图 2.5.6

7. 客户分类水平切片器

参照图 2.5.7,选择切片器,放入 DimCustomer 表中的 Segment 字段,在格式下的"方向"选项中选择"水平",视图显示为切片模块。

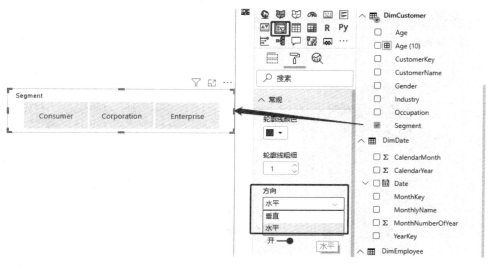

图 2.5.7

8. KPI 卡片图

创建卡片图，在其中分别放入重要的销售指标。在按住 Ctrl 键的同时，用鼠标选中所有控件，选择"格式→对齐→横向分布"命令，使控件间距相等。单击"分组"命令，可将众多控件合并为一个组，如图 2.5.8 所示。

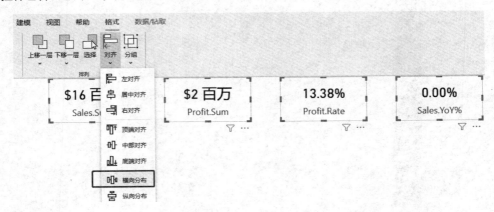

图 2.5.8

9. 完成作品

图 2.5.9 为最终完成的可视化报表。在"视图"菜单中勾选"锁定对象"复选框，即可将可视化报表中的对象"固定"，防止对象移动。

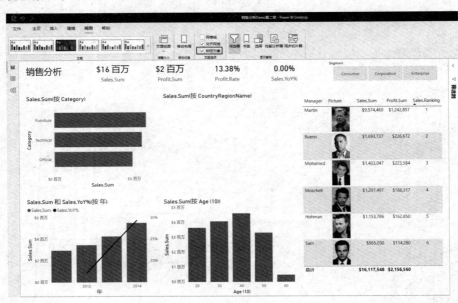

图 2.5.9

2.6 数据洞察

本节将介绍 3 个探索性分析（EDA）示例。

1. 筛选交互

Power BI 中的默认可视化图交互形式为"突出显示"，如图 2.6.1 所示。单击菜单中的"编辑交互"命令，可观察到图之间的交互形式为"交叉突出显示"。通过筛选器可修改交互形式，再单击"编辑交互"命令即可退出。

图 2.6.1

上述方法一次只能改变一张图与其他图的交互形式。通过图 2.6.2 所示的选项设置，可将可视化图交互形式由默认的"交叉突出显示"改为"交叉筛选"。

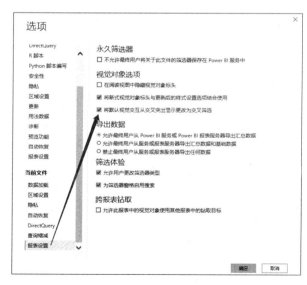

图 2.6.2

2. 分析一：找出亏损最严重的子产品类

选中产品簇状条形图，单击"格式→默认颜色→fx"命令，在弹出的对话框中选择"格式模式"为"色阶"，设置"依据为字段"为"Profit.Sum"，调整最大值与最小值的颜色，单击"确定"按钮完成，如图 2.6.3 所示。

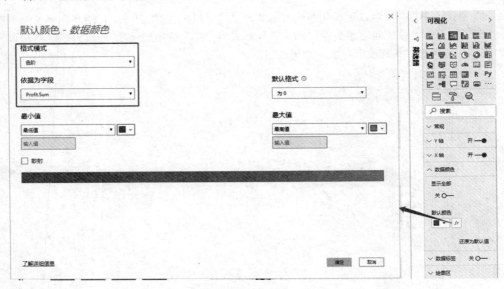

图 2.6.3

参照图 2.6.4，将 Profit.Sum 字段放入"工具提示"中，单击右图所示的"↓"按钮，钻取到子类别。单击"..."按钮，在打开的下拉菜单中选择以 Profit.Sum 字段升序排序，此时观察到亏损最大的子产品类为"Desk"。

图 2.6.4

3. 分析二：该子产品类在哪个国家的亏损最为严重

参照图 2.6.5 配置条形图，再参照之前的步骤进行下钻，从结果中可以看出"United States"为亏损最严重的国家。令人惊奇的是，国家字段与地理字段来自两张不同的维度表，通过事实表关联，Power BI 可实现跨表下钻。

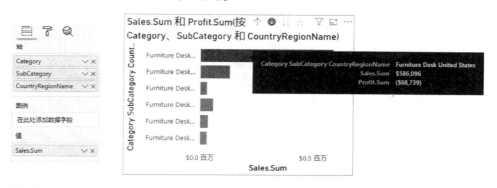

图 2.6.5

参照图 2.6.6，选择"导出数据"命令，系统将以 CSV 格式导出表格中的内容。

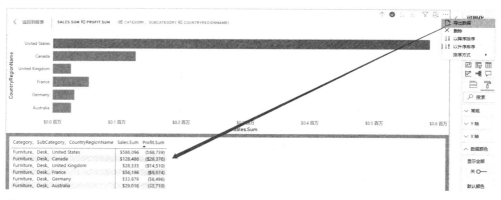

图 2.6.6

4. 分析三：找出增长的主要原因。

参照图 2.6.6，右击趋势图中代表 2014 年数据的柱形图，在弹出的快捷菜单中单击"分析→解释此增长"命令，如图 2.6.7 所示。Power BI 通过智能计算，分别列出了驱动增长背后的主要影响因素，结果如图 2.6.8 所示。

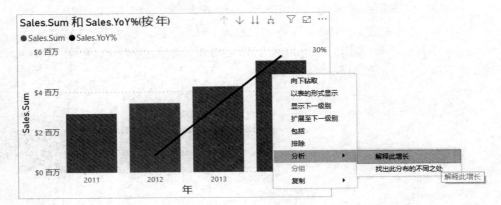

图 2.6.7

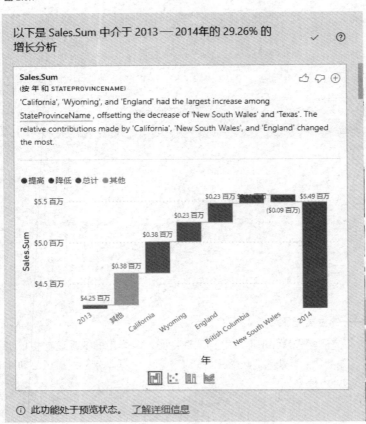

图 2.6.8

第 3 章 深入理解 Power BI

3.1 数据整理：连接 SharePoint 上的 Excel 文件

前文介绍了如何在 Power BI 中连接本地 Excel 文件。这种方式适用于个人应用场景，但不适用于企业应用场景，理由是一旦将文件移至其他电脑设备中，则需要重新设置文件读取路径。可替代的方案是将文件放置在 SharePoint Online 或 Business OneDrive 中，二者是存在于 Microsoft 365 云环境中的，可与 Power BI 无缝衔接，不需要 Gateway（网关）同步，无论用户从任何设备中访问数据，文件路径都不会改变。但使用 SharePoint Online 连接需要避免一些误区。

1. 误区一：连接本地同步文件夹

有的用户会将 SharePoint Online 文件夹同步到本地文件夹中，直接连接本地映射文件夹中的文件，见图 3.1.1。此方法的错误在于其仍然在读取本地的映射文件，而不是读取云环境中的文件，见图 3.1.2。

图 3.1.1

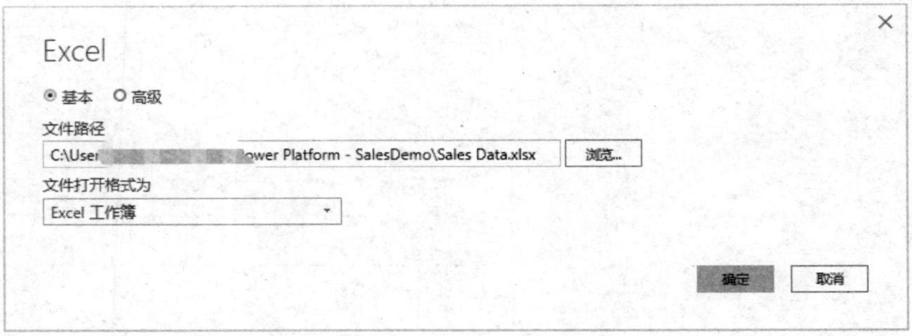

图 3.1.2

2. 误区二：连接文件 LINK

单击具体文件旁的"..."按钮，在打开的下拉菜单中选择"Copy link"（复制链接）命令，粘贴链接地址到文本文件中。此链接地址的后半部分由一串字符串组成，其实际上是加密信息，无法作为数据源信息被 Power BI 使用。

```
https://×××××.sharepoint.com/:f:/s/PowerPlatform/ErozQUb3IDRFvMg
QvM-TsCsB_DHlt0iiIYeLTyCIQE5Uzg?e=2bYHfN
```

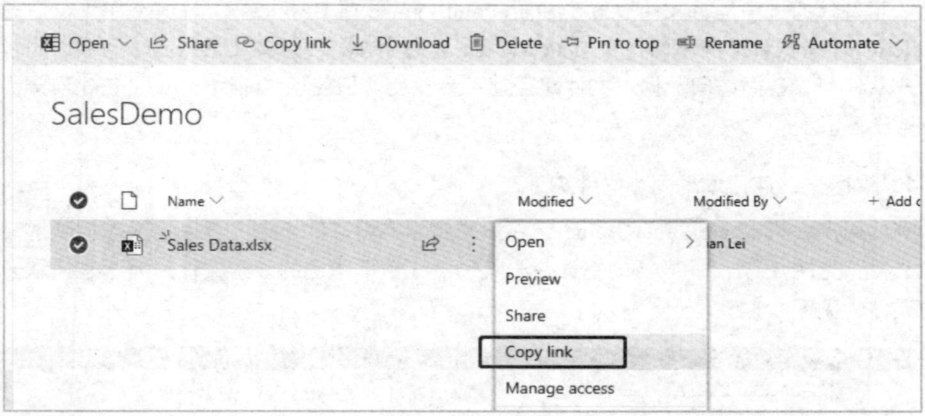

图 3.1.3

3. 误区三：连接 SharePoint URL

在"获取数据"对话框中选择"SharePoint 文件夹"选项，见图 3.1.4。

输入数据文件在 SharePoint 中的 URL 路径，见图 3.1.5。

在 Power Query 中筛选目标文件，见图 3.1.6。

图 3.1.4

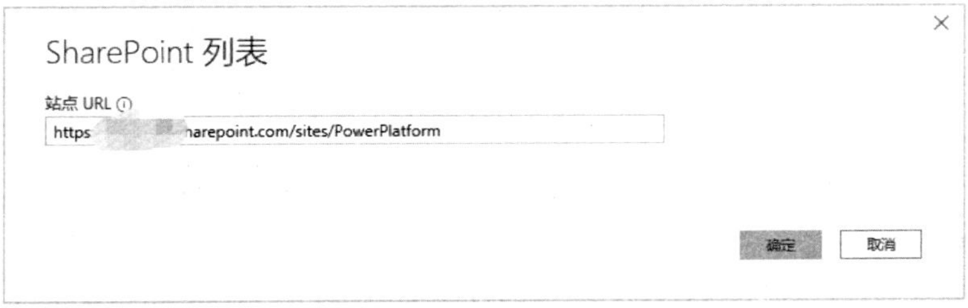

图 3.1.5

图 3.1.6

删除除 Content 外的文件列，单击字段旁的向下箭头按钮展开文件夹，见图 3.1.7。

图 3.1.7

然后在"合并文件"对话框中选择具体的文件表。

这种方法虽然可用，但不是正确的方法，因为数据类型为文件夹而非文件本身，操作起来相当烦琐。

正确方法：

参照图 3.1.8，在 SharePoint 中选中目标文件，单击"Open→Open in browser"命令。

图 3.1.8

在打开 Excel 文件后，单击"文件→信息→将路径复制到剪贴板"命令，见图 3.1.9。

图 3.1.9

观察粘贴的 URL，将"?Web=1"部分删除后，剩余的 URL 就是文件路径。在 Power BI 的获取数据选项中选择"Web"，在打开的对话框中粘贴该文件路径，见图 3.1.10。

```
https://×××.sharepoint.com/sites/PowerPlatform/SalesDemo/Sales%20
Data.xlsx?web=1
```

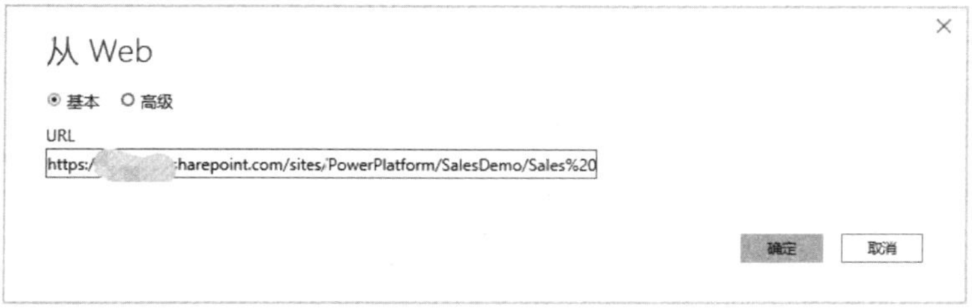

图 3.1.10

3.2 数据整理：获取并追加的文件夹中的内容

到目前为止，我们已经介绍了单文件数据源的连接。在真实的场景中，往往会遇到多文件数据源，如合并多个月份的销售数据至一张表中。在 Power BI 中，此种合并操作被称为追加，为了统一命名，下面统一称为追加操作。Power BI 可动态追加目标文件夹中的文件至一张主表中，这极大地提高了数据整理的效率。

本节的示例为两份独立的账目表，如图 3.2.1 所示。下面介绍具体的操作方法。

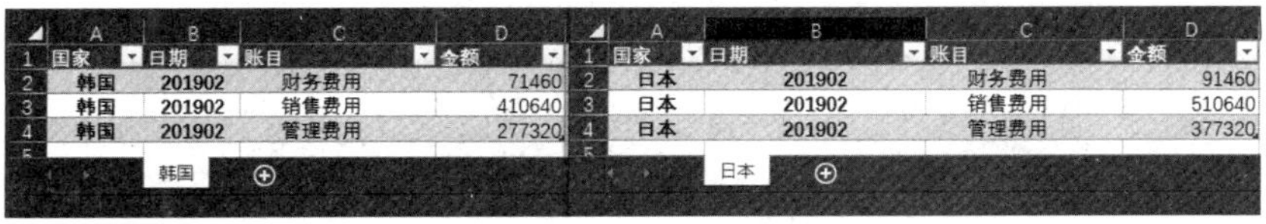

国家	日期	账目	金额
韩国	201902	财务费用	71460
韩国	201902	销售费用	410640
韩国	201902	管理费用	277320

国家	日期	账目	金额
日本	201902	财务费用	91460
日本	201902	销售费用	510640
日本	201902	管理费用	377320

图 3.2.1

1. 简单、粗暴的报表合并方法

在 Power BI 的“获取数据”命令中选择“文件夹”选项，见图 3.2.2。

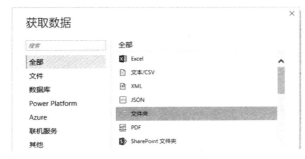

图 3.2.2

在弹出的“文件夹”对话框中输入文件所在路径，单击“确定”按钮，见图 3.2.3。

图 3.2.3

参照图 3.2.4，单击"组合"下拉菜单中的"合并和转换"或"合并和加载"命令。

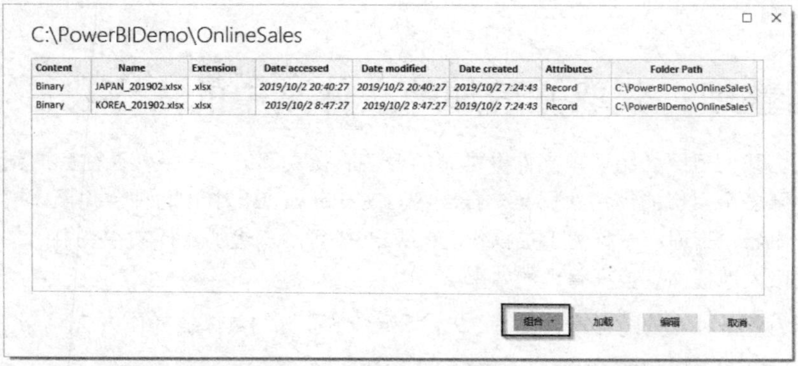

图 3.2.4

在打开的"合并文件"对话框中选中"表 2"选项，单击"确定"按钮，如图 3.2.5 所示。

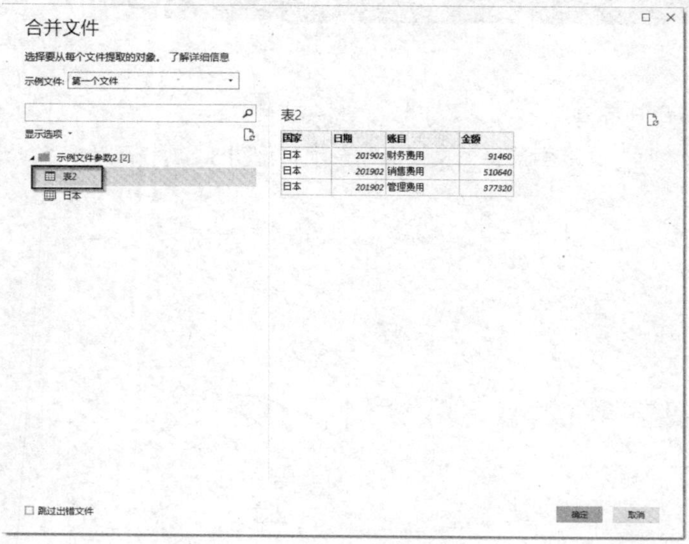

图 3.2.5

注意：此处的"表 2"为表格（Table），而"日本"为表单（Sheet），二者图标不同。一张表单在理论上可以有一至若干张表格。若要更改其名字，可在 Excel 中修改表名字，见图 3.2.6。

图 3.2.6

图 3.2.7 为在数据视图下合并后的新表，从中可见除原有字段外，还多了"Source.name"元数据字段，一般直接将其删除即可。

图 3.2.7

以上方法适合较为简单的文件夹合并。同时，该方法会在"编辑查询"界面的右侧面板中自动产生一系列的参数设置文件。当在文件夹中新添加或删除文件后（包括子文件夹的文件变动），可通过参数动态刷新查询中的内容。这种方法唯一的缺点是，当合并文件夹中的任务过多时，在右侧面板中会产生多个参数设置文件，一旦其数量过多，则势必导致管理困难，如图 3.2.8 所示。

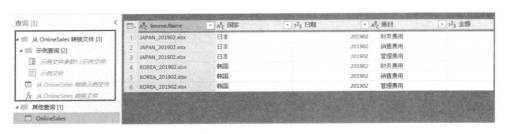

图 3.2.8

2．简捷的报表合并方法

此方法与上述方法稍有不同，再次重复前面的操作，但在图 3.2.4 中单击"编辑"命令。进入"编辑查询"界面中，删除除"Content"外的所有字段，如图 3.2.9 所示。

图 3.2.9

然后按照图 3.2.10 所示的步骤为查询添加自定义列，并添加公式：Excel.Workbook([Content],true)，单击"确定"按钮。

图 3.2.10

将"Content"字段删除，见图 3.2.11 所示。

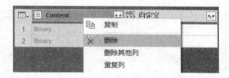

图 3.2.11

如图 3.2.12 所示，打开自定义列的下拉菜单，选中"Data"和"Kind"两个字段，不要勾选"使用原始列名作为前缀"复选框，单击"确定"按钮。

图 3.2.12

单击"确定"按钮完成操作，如图 2.2.13 所示。

图 3.2.13

注意："Kind"字段为文件簿的元属性，包含了数据是来自表单还是来自表格的描述。前文提及本工作簿中既有表单又有表格，虽然它们都指向同一个事物，但 Excel.Workbook 公式会将二者皆包含，此处若不使用"Kind"字段筛选，则会导致数据重复，如图 3.2.14 所示。

	自定义.Data.国家	自定义.Data.日期	自定义.Data.账目	自定义.Data.金额
1	日本	201902	财务费用	91460
2	日本	201902	销售费用	510640
3	日本	201902	管理费用	377320
4	null	null	null	null
5	null	null	null	null
6	null	null	null	null
7	null	null	null	null
8	null	null	null	null
9	null	null	null	null
10	null	null	null	null
11	null	null	null	null
12	日本	201902	财务费用	91460
13	日本	201902	销售费用	510640
14	日本	201902	管理费用	377320
15	韩国	201902	财务费用	71460
16	韩国	201902	销售费用	410640
17	韩国	201902	管理费用	277320
18	韩国	201902	财务费用	71460
19	韩国	201902	销售费用	410640
20	韩国	201902	管理费用	277320

图 3.2.14

完成字段筛选后，随后将"Kind"字段删除。再单击图 3.2.15 所示的展开按钮，确保所有字段都被勾选，单击"确定"按钮。

图 3.2.15

图 3.2.16 为展开后的文件内容,而右侧面板中没有生成参数设置文件。

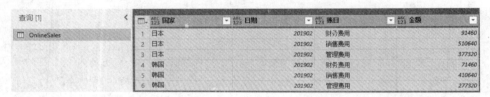

图 3.2.16

3. SharePoint 中的文件夹合并方法

首先,在"获取数据"对话框中双击"SharePoint 文件夹",见图 3.2.17。

图 3.2.17

在弹出的对话框中,粘贴文件所在的 SharePoint 站点的 URL。

> **提示**:由于在 SharePoint 中只支持 SharePoint 站点,所以,即便在 SharePoint 站点中将文件放置在不同的文件夹中,对 Power BI 来说毫无区别,其仍然将该站点下的文件尽数列出,如图 3.2.18 所示。用户需要再次利用元属性字段对文件进行过滤,之后留下目标文件。另外一种方式是,设计子站点放置专门的文件,这样更加有条理性和组织性,如图 3.2.19 所示。

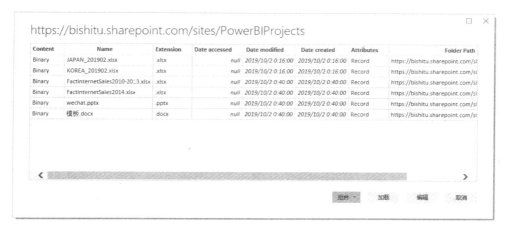

图 3.2.18

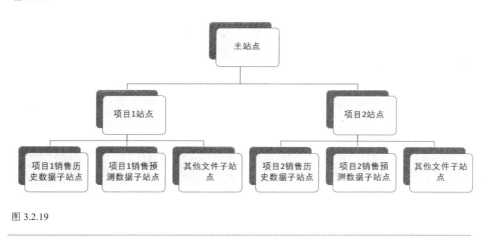

图 3.2.19

3.3 数据整理：6 种合并查询

Power BI 中的合并查询是指将若干张表依据指定的关系合成一张表。Excel 用户可以将其等同为 Excel 里的 VLOOKUP 函数，SQL 用户可以将其等同为 SQL 里的 JOIN 函数。

因为中文翻译的缘故，上文中提到的合并文件夹与本文中提到的合并查询虽然都用到了"合并"一词，但是二者其实为不同的事物。对合并查询更为精确的描述为 Merge，即表之间为横向合并，见图 3.3.1。

图 3.3.1

而合并文件夹用到的是 Append 功能,即纵向合并二表,见图 3.3.2。

图 3.3.2

本示例中使用"ADW Excel"文件夹中的"DimProduct"和"DimProductSubCategory"两张表。首先,通过"获取数据"命令,在打开的对话框中导入这个两张表,再单击"编辑"按钮,见图 3.3.3。

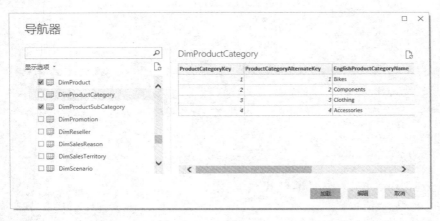

图 3.3.3

在"编辑查询"界面中,要确保两张表中的"ProductSubcategoryKey"字段皆为字符串型,见图 3.3.4。

图 3.3.4

单击菜单中的"合并查询"命令，并选择"将查询合并为新查询"命令，见图 3.3.5。

图 3.3.5

在"合并"对话框中，依据图 3.3.6 分别选择合并的表及对应的字段"ProductSubcategoryKey"，在"联接种类"下拉框中有 6 种不同的联接关系。先选择第一个"左外部"，单击"确定"按钮。

图 3.3.6

完成合并后，双击新建的查询，改名为"左外"。重复上述合并操作，但依次选择不同的"联接种类"，结果见图 3.3.7。

图 3.3.7

关闭并应用"编辑查询",并确保表之间都没有关联关系,见图 3.3.8。

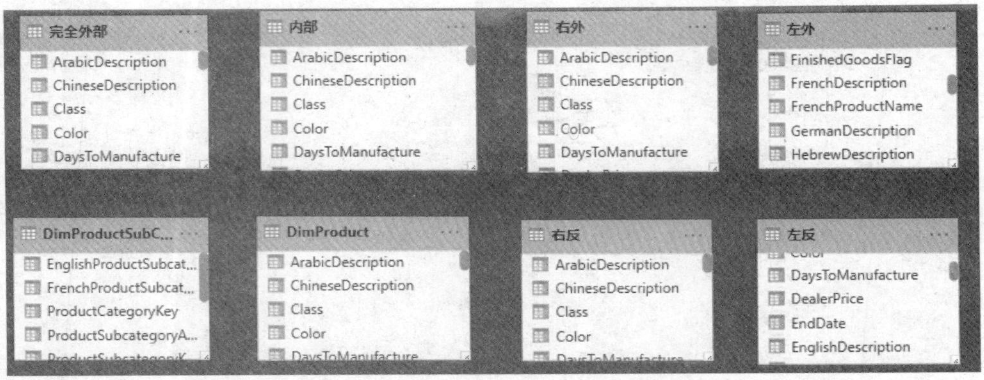

图 3.3.8

在报表视图下,创建矩阵图,将"DimProductSubCategory"表中的"ProductSubcategoryKey"字段放入图中。分别将其余表中的"ProductKey"字段放入图中,将聚合方式设置为"计数"。为方便阅读,双击值选项框中的字段名称,修改为对应的联接种类,见图 3.3.9。

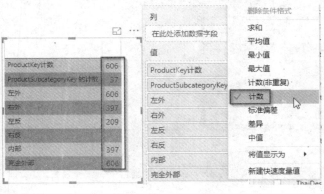

图 3.3.9

需要说明一下，这里一共有 606 种产品，其中 397 种产品有产品子类，其余的 209 种产品没有定义产品子类，见表 3.3.1。

表 3.3.1

联接种类	值	逻辑说明
左外	606	左表的所有行，一共有 606 种产品
右外	397	右表含有值的所有行，在 606 种产品中，其中有 397 种包含"ProductSubcategoryKey"字段
左反	209	即存在于左表但不存在于右表的值。通过 606–397=209 验证此关系正确
右反	0	即存在于右表但不存在于左表的值。显然，null 值不包括在左表中
内部	397	两表都有对应值的行数
完全外部	606	左表所有的行

3.4 数据整理：多层表头数据表的追加

在工作中，我们经常会遇到 Excel 表中有多表头的情况，见图 3.4.1。此类数据表需要被转换为标准结构后才可被进一步分析。下面通过一个示例演示在 Power Query 界面中对此表进行数据整理的过程。

	A	B	C	D
1			2019年	2019年
2	国家	账目	4月	5月
3	日本	财务费用	92024	36819
4	日本	销售费用	330774	154154
5	日本	管理费用	390913	151790

图 3.4.1

1. 多表头数据表的转换

首先，用 Power BI 导入数据表并进入"编辑查询"模式，见图 3.4.2。

	Column1	Column2	Column3	Column4
1	null	null	2019年	2019年
2	国家	账目	4月	5月
3	日本	财务费用	92024	36819
4	日本	销售费用	330774	154154
5	日本	管理费用	390913	151790

图 3.4.2

单击"转换→转置"命令，将表中的行与列进行转置。此时的"Column1"与"Column2"分别变为"年"和"月"，如图 3.4.3 所示。

图 3.4.3

同时选中"Column1"与"Column2"列,单击"转换→合并列"命令,将其合成为一列,见图 3.4.4。

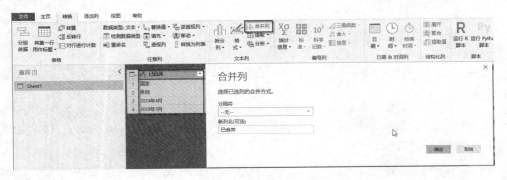

图 3.4.4

再次利用转置功能,将表格恢复至初始状态。原来的"年""月"两层表头已经被合成为一层表头,见图 3.4.5。

图 3.4.5

单击"主页→将第一行用作标题"命令,将第一行内容作为字段标题,见图 3.4.6。

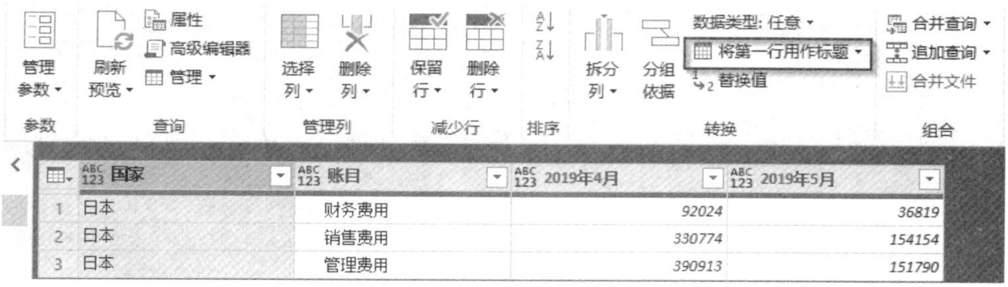

图 3.4.6

选择“国家”与“账目”两个字段，单击“转换→逆透视列→逆透视其他列”命令，见图 3.4.7。

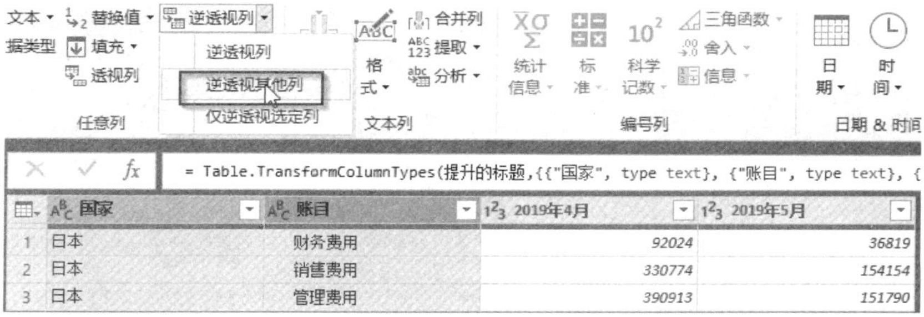

图 3.4.7

逆透视完成后，修改对应的字段名称，最终结果见图 3.4.8。

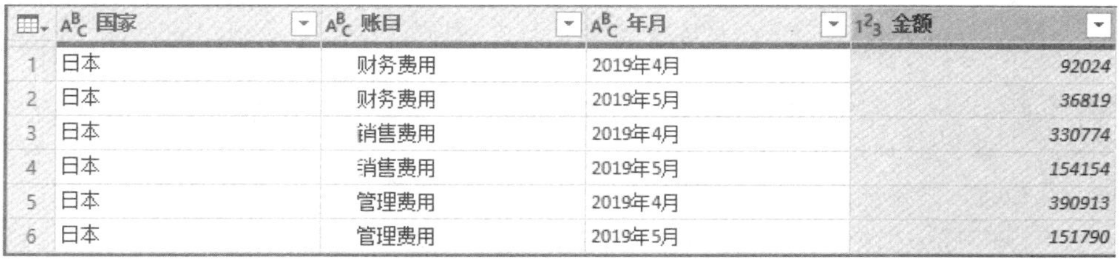

	国家	账目	年月	金额
1	日本	财务费用	2019年4月	92024
2	日本	财务费用	2019年5月	36819
3	日本	销售费用	2019年4月	330774
4	日本	销售费用	2019年5月	154154
5	日本	管理费用	2019年4月	390913
6	日本	管理费用	2019年5月	151790

图 3.4.8

2. 多表头的文件合并

如果遇到工作表中有多个表头的情况（见图 3.4.9），则处理会复杂一些。具体的处理思路为使用函数逐个处理单个文件格式，最后将其合并至一个文件中。

	A	B	C	D
1			2019年	2019年
2	国家	账目	4月	5月
3	日本	财务费用	92024	36819
4	日本	销售费用	330774	154154
5	日本	管理费用	390913	151790

	A	B	C	D
1			2019年	2019年
2	韩国		4月	5月
3	韩国	财务费用	92010	368190
4	韩国	销售费用	330770	1541540
5	韩国	管理费用	390910	1517900

图 3.4.9

首先，单击"高级编辑器"命令，选取图 3.4.10 中标注框中的代码，将其复制至记事本程序中：

```
转置表 = Table.Transpose(更改的类型),
合并的列 = Table.CombineColumns(转置表,{"Column1","Column2"},Combiner.CombineTextByDelimiter("", QuoteStyle.None),"已合并"),
转置表1 = Table.Transpose(合并的列),
提升的标题 = Table.PromoteHeaders(转置表1, [PromoteAllScalars=true]),
```

图 3.4.10

上述代码为 M 代码，总是以 Let…In 的格式出现。其中的每一行代码将表操作返回变量，然后又成为下一行代码的输入。如此嵌套循环，直至返回最终的转换结果。上面复制的代码的功能相当于对单表的操作。打开一个新的 Power BI 文件，参照前文示例，获取文件夹中的数据，并指向多表头文件所在的路径。导入成功后，在"编辑查询"界面的左侧面板中右击，在弹出的快捷菜单中单击"新建查询→空查询"命令，见图 3.4.11。

将空查询改名为"转换"，并单击"高级编辑器"命令。在弹出的对话框内复制记事本程序中的代码，并进行一定的修改，见图 3.4.12。

图 3.4.12 中的代码有以下变化：

- "(t) =>"将查询转换为函数。
- 在 "转置表 = Table.Transpose(t)"中使用变量 t 替代原有的"更改的类型"。
- 在最后一行代码中，"提升的标题"结尾的逗号需要去除。

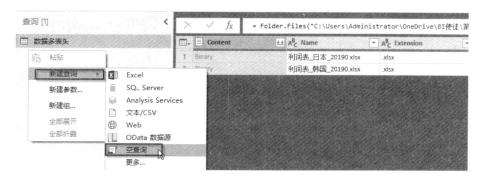

图 3.4.11

图 3.4.12

单击"确定"按钮完成函数的编写。以下操作与合并文件夹操作非常相似,可参阅本书中相关章节。

下面为查询添加新自定义列,见图 3.4.13。但与之前不同的是,此处的 Excel.Workbook 是没有 True 参数的,表示不需要表头,若添加系统反而会报错。

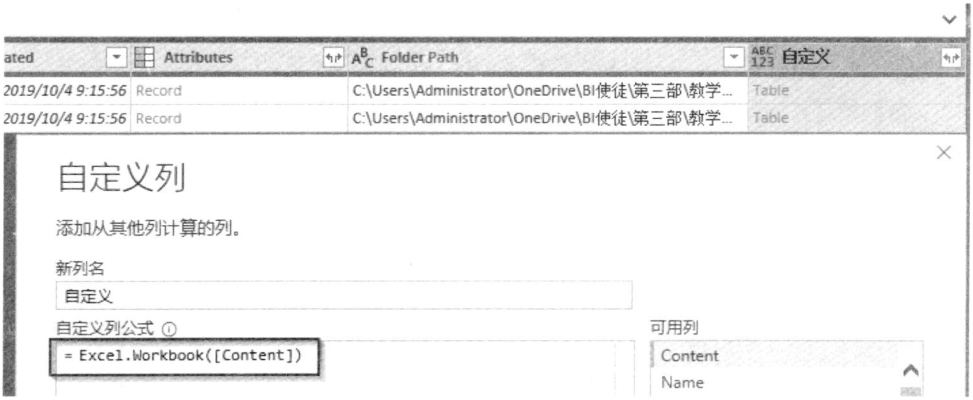

图 3.4.13

接下来是删除多余的列，仅保留新的"自定义"列，并展开"自定义"列中的"Data"列。单击"添加列→调用自定义函数"命令，在打开的对话框中的"功能查询"中选择转换函数，单击"确定"按钮，如图 3.4.14 所示。

图 3.4.14

参照图 3.4.15，单击各"转换"字段旁的展开字段按钮，展开表中的字段。

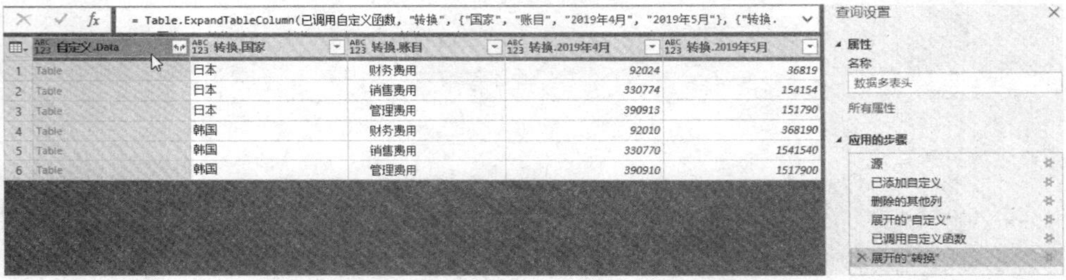

图 3.4.15

下面仅保留"转换"列，展开其中的字段，在打开的下拉列表中不勾选"使用原始列名作为前缀"复选框。单击"确定"按钮完成，见图 3.4.16。最终结果见图 3.4.17。

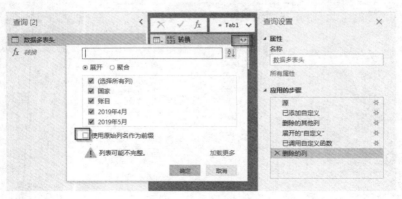

图 3.4.16

国家	账目	2019年4月	2019年5月
日本	财务费用	92024	36819
日本	销售费用	330774	154154
日本	管理费用	390913	151790
韩国	财务费用	92010	368190
韩国	销售费用	330770	1541540
韩国	管理费用	390910	1517900

图 3.4.17

小结：M 函数的功能非常强大，用户如果可以熟练掌握 M 函数，则会让数据清理工作事半功倍。需要强调的是，所有要合并的文件的数据结构必须完全一致，只要数据结构有区别，就会导致文件合并失败。对于过于复杂的多表头数据表，一般需要先优化数据结构。在 Power Query 中，每多一步数据转换操作，对 Power BI 的计算性能的影响就多一分，复杂的数据转换也不利于数据表的维护与纠错。

3.5　数据建模：订制日期表的时间函数

企业中常常有订制日期表的需求，快消行业尤为如此。ADW 日期表是 13 段的定制日期表，即将一年分为 13 个段，一个段为 28 日，全年天数即为 13×28 = 364 日。当进行同比分析时，其比自然日期表精确，但缺点是每隔 5~6 年会多出一周的时间。

定制日期表一般在主数据系统中维护。业务部门统一使用该制定日期表易于管理和衡量工作绩效。对于非正常日期表，其无法直接使用 DAX 的时间智能函数，需手工调整。

本节介绍使用订制日期表进行建模的过程。在图 3.5.1 所示的示例中包含了两张表，其中包含了不同段的账目信息。图 3.5.2 为订制日期表，这里的段以 28 日为一个单位，表中包含"段初日期"字段，每年的段初日期并非总是从 1 月 1 日开始的，2019 年的段初日期为 2018 年 12 月 30 日。

	A	B	C	D	E
1	国家	年	段	账目	金额
2	日本	2019	P02	财务费用	$271,069.83
3	日本	2019	P02	销售费用	$935,779.38
4	日本	2019	P02	管理费用	$110,391.92
5	日本	2019	P01	财务费用	$535,347.53
6	日本	2019	P01	销售费用	$233,411.38
7	日本	2019	P01	管理费用	$334,840.61
8	日本	2019	P13	财务费用	$624,085.85
9	日本	2019	P13	销售费用	$275,990.99
10	日本	2019	P13	管理费用	$300,275.54

图 3.5.1

	日期	年月	ADW年段	段初日期
1	2019/1/1	201901	2019P01	2018/12/30
2	2019/1/2	201901	2019P01	2018/12/30
3	2019/1/3	201901	2019P01	2018/12/30
4	2019/1/4	201901	2019P01	2018/12/30
5	2019/1/5	201901	2019P01	2018/12/30
6	2019/1/6	201901	2019P01	2018/12/30

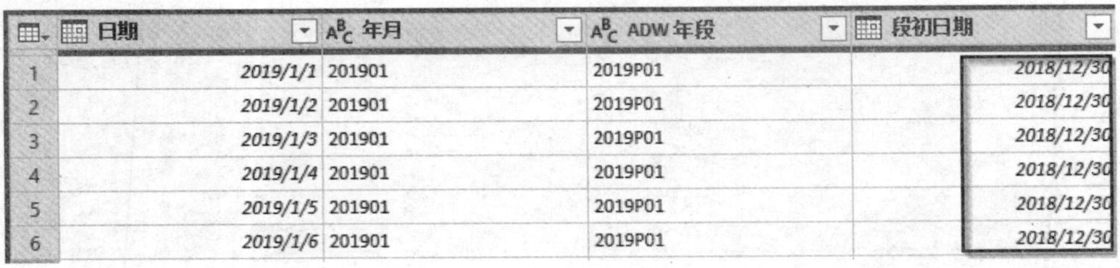

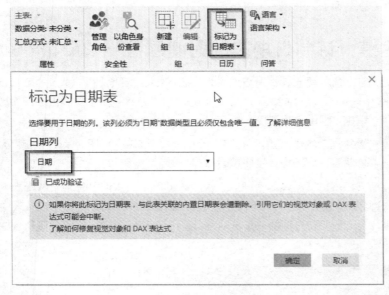

图 3.5.2

注意：一定要确保“日期”“段初日期”与后文的“段中日期”的格式总是为日期。

为了可以使用时间智能函数，请将订制日期表中的“日期”字段标注为日期表，如图 3.5.3 所示。

图 3.5.3

1. 简单的双向查询方法

首先，通过获取数据功能读取 Excel 表格中的两张表，通过追加查询功能将两张表合并为一张表，如 3.5.4 所示。

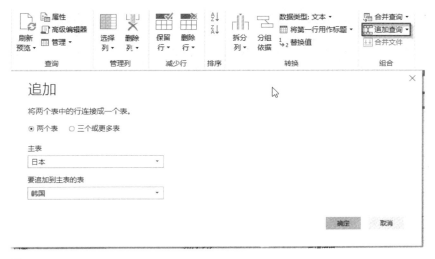

图 3.5.4

分别右击"韩国""日本"两张表,在弹出的快捷菜单中取消选择"启用加载"命令,如图 3.5.5 所示。

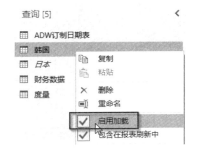

图 3.5.5

上述操作的目的在于确保"韩国""日本"字段不被加载到模型中。

将合并后的新查询命名为"财务数据",为其添加一个新字段"年段",如图 3.5.6 所示。

此时,订制日期表与财务数据表的之间为 $M:N$ 关系,关联字段为"年段",在数据模型中创建了双向查询,如图 3.5.7 所示。两张表可以相互查询。

尽管可以设计双向查询,但不鼓励这样设计。因为双向查询经常会带来潜在逻辑计算错误,对于复杂的数据模型尤其如此。另外一个问题是,因为订制日期表具有特殊性,会导致跨年日期重复计算,如图 3.5.8 所示。

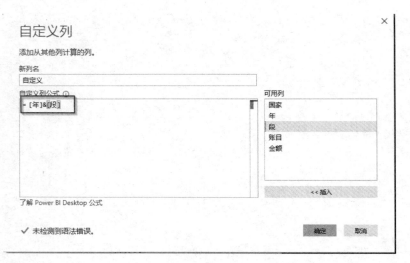

图 3.5.6

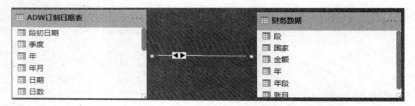

图 3.5.7

年	ADW年段	金额	金额 YTD
2017	2018P01	3,195,914.26	3,195,914.26
2018	2018P01	3,195,914.26	3,195,914.26
2018	2018P02	1,721,158.40	4,917,072.65
2018	2018P03	2,444,057.35	7,361,130.00
2018	2018P04	3,871,173.70	11,232,303.70
2018	2018P05	3,866,299.59	15,098,603.29
2018	2018P06	2,226,332.09	17,324,935.38
2018	2018P07	2,511,933.43	19,836,868.82
2018	2018P08	2,743,406.11	22,580,274.93
2018	2018P09	3,269,648.35	25,849,923.28
2018	2018P10	3,671,397.08	29,521,320.36
2018	2018P11	1,795,555.14	31,316,875.50
2018	2018P12	2,373,844.69	33,690,720.19
2018	2018P13	2,610,565.62	36,301,285.81
2018	2019P01	2,118,385.92	38,419,671.73
2019	2019P01	2,118,385.92	2,118,385.92
2019	2019P02	2,376,622.35	4,495,008.27
总计		40,796,294.08	

图 3.5.8

2. 中间过渡表方法

更好的一种方法是在两张表中建立一张过渡表，通过它建立关系。但首先要解决跨年日期问题。为订制日期表添加一个新的自定义列"段中日期"，将日期后移 14 天，如图 3.5.9 所示。

图 3.5.9

右击订制日期表，在弹出的快捷菜单中选择"引用"命令，如图 3.5.10 所示。将新引用的查询命名为"日期中间表"。

对日期中间表仅保留"ADW 年段""段中日期"两个字段。右击"ADW 年段"字段，在弹出的快捷菜单中选择"删除重复项"命令，仅保留唯一值，结果如图 3.5.11 所示。

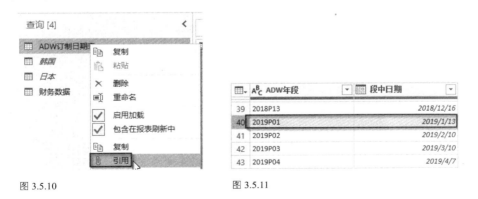

图 3.5.10　　　　　图 3.5.11

在关系视图中，参照图 3.5.12，在 3 张表之间建立关系，并在中间表上右击，在弹出的快捷菜单中选择"在报表视图中隐藏"命令。

图 3.5.12

Power BI 默认为两张表建立了双向 1:1 的关系，此处需手动调整订制日期表与日期中间表之间的关系为 1:M，如图 3.5.13 所示。

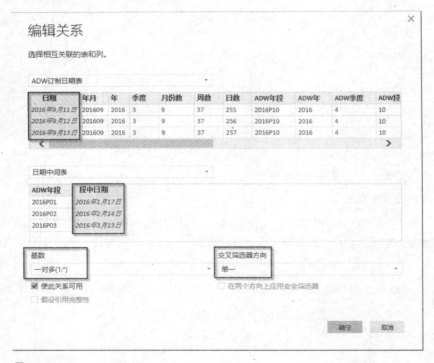

图 3.5.13

因为使用了"段中日期"，所以避免了跨年计算错误，如图 3.5.14 所示。日期中间表起到桥梁的作用，避免了日期表与财务数据表之间直接为 $M:N$ 的关系，优化了数据模型。

年	ADW年段	金额
2018	2018P12	2,373,844.69
2018	2018P13	2,610,565.62
2019	2019P01	2,118,385.92
2019	2019P02	2,376,622.35
总计		40,796,294.08

图 3.5.14

3. 完全 1：M 关联模型

若要进行更为彻底的优化，则需要使用 LOOKUPVALUE 公式，参照图 3.5.15，在财务数据表中创建一个新计算字段：

```
段中日期 =
LOOKUPVALUE ( 'ADW 订制日期表'[段中日期], 'ADW 订制日期表'[ADW 年段], '财务数据'[年段] )
```

国家	年	段	账目	金额	年段	段中日期
日本	2018	P13	财务费用	624085.854379602	2018P13	2018年12月16日
日本	2018	P13	销售费用	275990.993982855	2018P13	2018年12月16日
日本	2018	P13	管理费用	300275.535491174	2018P13	2018年12月16日
日本	2018	P12	财务费用	214856.40442199	2018P12	2018年11月18日
日本	2018	P12	销售费用	158967.671984079	2018P12	2018年11月18日

图 3.5.15

参照图 3.5.16，直接在两张表之间建立 1:M 关系，完全避免使用中间表，但用户要自行在事实表中创建 LOOKUPVALUE 公式。另外，要确保新的计算列中的值为日期而不是文本，否则联接无效。

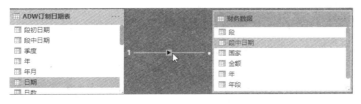

图 3.5.16

总结：本节从易到难，一共展示了 3 种建立订制日期表关联的方式。用户可根据分析需求选择最为适合的一种方式。

小技巧：

有的用户不知道如何动态地选取所有的表单，或者在真实的场景中不仅仅有两个表单。而目前，在 Power BI 中暂时缺失动态自动选取表单功能。但在 Excel 中有更为智能的方法：通过选择 Excel 文件，并选中表单上方的文件夹，如图 3.5.17 所示，就可以参照合并文件夹的方式动态对文件进行追加操作了。

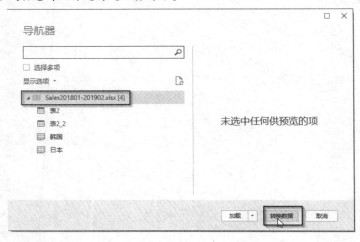

图 3.5.17

3.6 可视化呈现：可视化报表制作原则

报表布局是数据可视化的"最后一公里"。布局的好坏会直接影响报表是否真的为用户所接受，而视觉审美又经常是感性的，很难有一个科学的衡量方法。

1. 可视化图分类

现在 Power BI 视觉市场中已经有 200 个以上的视觉组件，而且数量还在持续上升。

图 3.6.1 为 Power BI 大师总结的九大类典型的 Power BI 类型图（共 200 种）。实际上，我们常用的图形有 30 种左右，其余的图形大多是在这些常用的图形的基础上演化而来的。不建议读者花过多的时间逐一了解这 200 种图形，因为大多数图形并没有太多的实际用途。相反，读者应该化繁为简，理解每一种常用图形的设置方法，例如如何设置色阶、如何设置数据条颜色或者设置渐变布局，这些小技巧能让常用的图形表现出不一样的效果。熟练掌握这些功能，能让你应对 95% 以上的可视化分析场景。

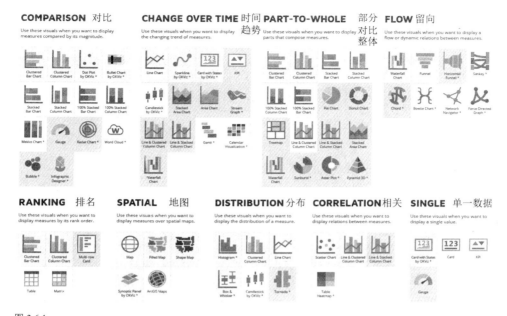

图 3.6.1

2. 布局空间分配

大多数人习惯按由左至右、由上至下的顺序阅读，即呈"Z"形状，而理解层次则是由上至下、由总体到个体，如图 3.6.2 所示。

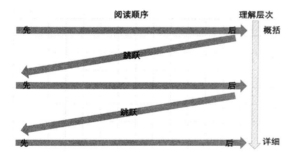

图 3.6.2

基于以上规律，报表中越是重要的信息，越要放置于页面的左侧；越是概括的信息，越要放置于页面的上方。图 3.6.3 为典型的导航栏视图布局法，其报表页面设计包括以下 5 个部分。

（1）报表名称区（可选）：报表页的说明或主题名字。

（2）KPI 区：主要 KPI 度量陈列区。

（3）导航栏区（可选）：当报表页使用了标签跳转功能时，此区间作为导航陈列区。

（4）可视化视图表区：可视化图表的陈列区域。视图个数并非越多越好，一般控制在4~5个。

（5）筛选区：筛选器陈列区。

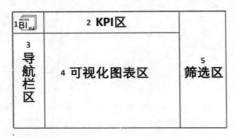

图 3.6.3

以上报表布局将报表中间最大的面积留给了 2 区和 4 区，可最大程度地吸引用户的关注，而 1 区和 3 区仅为可选区，若不需要使用它们，则会被 2 区和 4 区填补。

3．用 PowerPoint 制作背景

通过页面中的壁纸功能，可以为报表页面添加背景图，有助于提升报表页面的美观程度。Power BI 支持多种背景格式文件，还可以设置背景的透明度，如图 3.6.4 所示。

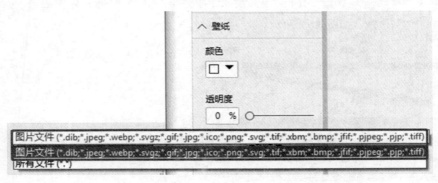

图 3.6.4

读者也可以使用 PowerPoint 制作 Power BI 背景页面，具体操作如下。

打开 PowerPoint，在新页面中插入文本框，再对其进行填充（使用直线、插入图片等操作），完成图 3.6.5 所示的页面。

图 3.6.5

保存该 PowerPoint 页面为 PNG 格式，如图 3.6.6 所示。

图 3.6.6

在新的 Power BI 页面中，导入一个简单的带背景页面就可以了，如图 3.6.7 所示。

图 3.6.7

3.7 可视化呈现：Power BI 报表主题颜色设置

Power BI 默认的主题配色被不少用户所诟病。坦白说，Power BI 的主题配色不算十分出色。幸好，用户也可以将自己喜欢的主题配色导入 Power BI 中，比如，《经济学人》杂志的图表配色风格等。

《经济学人》杂志的图表配色风格一般为：主色为藏青，加之明暗的变化，在序列数量大时辅以棕红色。图 3.7.1 所示为序列用色，图 3.7.2 所示为背景色。

blue_gray	blue_dark	green_light	blue_mid	blue_light	green_dark
#6794a7	#014d64	#76c0c1	#01a2d9	#7ad2f6	#00887d
103,148,167	1,77,100	118,192,193	1,162,217	122,210,246	0,136,125
gray	blue_light	red_dark	red_light	green_light	brown
#adadad	#7bd3f6	#7c260b	#ee8f71	#76c0c1	#a18376
173,173,173	123,211,246	124,38,11	238,143,113	118,192,193	161,131,118

图 3.7.1

ebg	edkbg	red	ltgray	dkgray
#d5e4eb	#c3d6df	#ed111a	#ebebeb	#c9c9c9
213,228,235	195,214,223	237,17,26	235,235,235	201,201,201

图 3.7.2

《经济学人》杂志的图表依照序列数量大致遵循以下配色原则，如图 3.7.3 所示。

颜色搭配组合：

1个序列	1,77,100						
2个序列	1,162,217	1,77,100					
3个序列	103,148,167	1,77,100	1,162,217				
4个序列	103,148,167	1,77,100	1,162,217	173,173,173			
5、6个序列	103,148,167	1,77,100	122,210,246	1,162,217	118,192,193	0,136,125	
7个序列	103,148,167	1,77,100	1,162,217	122,210,246	0,136,125	118,192,193	173,173,173
8个以上序列	103,148,167	1,77,100	1,162,217	122,210,246	0,136,125	118,192,193	124,38,11	238,143,113	173,173,173

图 3.7.3

下面介绍如何在 Power BI 中制作自定义主题配色。

作为一款强大的数据可视化工具，Power BI 也提供了多款主题配色，在"视图"命令中有多种内置主题配色可供选择，如图 3.7.4 所示。

除了内置的主题配色，用户可以创建自己的主题配色，自定义主题配色有以下两种方法。

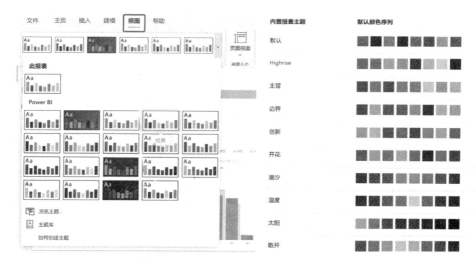

图 3.7.4

1. 方法一：调色板配色

选择"文件→选项和设置→选项"命令，在打开的对话框中的"预览功能"部分选择"自定义当前主题"命令，然后单击"确定"按钮。

系统提示将重启 Power BI 以启用预览功能。重启 Power BI 后，可开始自定义当前应用的主题。从"主页"功能区中选择"切换主题→自定义当前主题"命令。在打开的对话框中可设置自定义的主题，如图 3.7.5 所示。

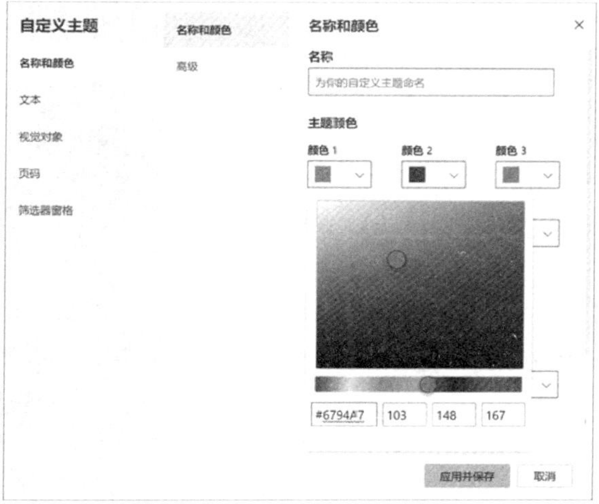

图 3.7.5

可以通过拖曳鼠标选择多种序列颜色，也可以输入 16 进制数值或 RGB 数值获得准确的颜色。

根据配色调整好所有主题颜色后，还可以给主题命名，如见图 3.7.6 所示。

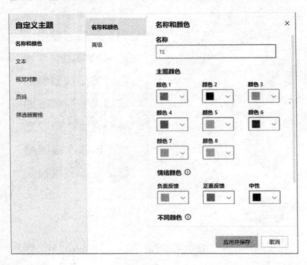

图 3.7.6

2. 方法二：用代码完成配色

创建如下所示的 JSON 文件，并保存为 JSON 文件，如图 3.7.7 所示。

```
{
        "name": "The Economist",
        "dataColors": ["#6794a7", "#014d64", "#76c0c1", "#01a2d9", "#7ad2f6", "#00887d", "#adadad", "#7c260b", "#ee8f71"],
        "background":"#d5e4eb",
        "foreground": "#000000",
        "tableAccent": "#ffffff"
}
```

其中各参数可以自行调整。

- name：主题名称。
- dataColors：主题色。在 Power BI 中最多只能设置 8 个主题色（格式为 16 进制数值）。
- background：背景色。
- foreground：前景色。
- tableAccent：表格边框、分隔线等的颜色。

在 Power BI 中导入 JSON 文件的方法是：选择"视图→浏览主题"命令，在打开的对话框中选择 JSON 文件并导入，如图 3.7.8 所示。

图 3.7.7

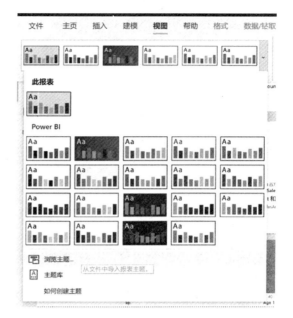

图 3.7.8

最后，选择新主题后，即可设置《经济学人》杂志的图表配色风格。

3.8 Power BI Service 应用：发布与分享内容

3.8.1 什么是 Power BI Service

在完成了报表的创建后，报表开发人员可将报表发布至 Power BI Service 中，即 powerbi.com 中，如图 3.8.1 所示。

图 3.8.1

本质上，Power BI Service 可被理解为一个位于云端的内存数据库。由于数据库被封装成 SaaS 服务，数据库对用户而言是透明的，因此用户只需在获取 Power BI 许可后，便可自助将报表内容发布到 Power BI Service 上并与他人分享。Power BI 是开发报表的工具，Power

BI Service 则是发布与分享的工具。由于 Power BI Service 是基于云端的 SaaS 服务，因此在使用时，用户需要有 Power BI 许可方可使用。图 3.8.2 为 Power BI 的许可分类：

- 角色定义：该类许可与个人邮箱绑定，属于对个人的许可。
- 环境定义：该类许可属于对企业的许可，适用于企业的所有人。

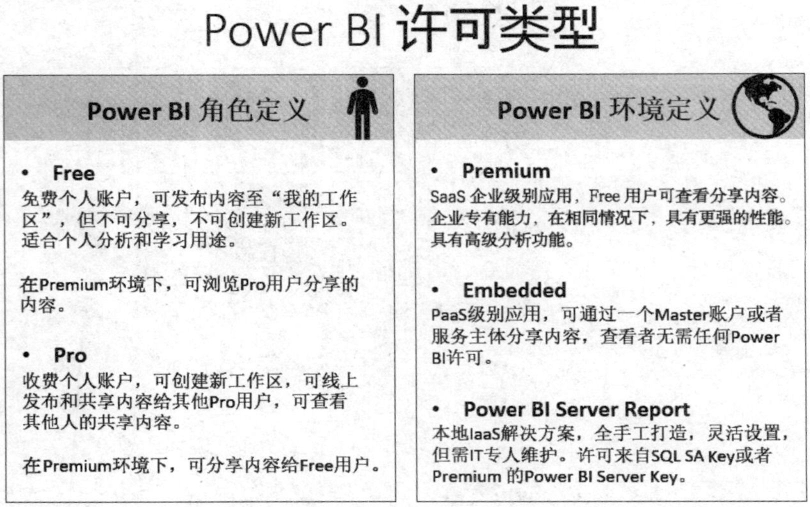

Power BI 许可类型
Power BI 角色定义
Free
免费个人账户，可发布内容至“我的工作区”，但不可分享，不可创建新工作区。适合个人分析和学习用途。
在Premium环境下，可浏览Pro用户分享的内容。
Pro
收费个人账户，可创建新工作区，可线上发布和共享内容给其他Pro用户，可查看其他人的共享内容。
在Premium环境下，可分享内容给Free用户。
Power BI 环境定义
Premium
SaaS 企业级别应用，Free 用户可查看分享内容。企业专有能力，在相同情况下，具有更强的性能。具有高级分析功能。
Embedded
PaaS级别应用，可通过一个Master账户或者服务主体分享内容，查看者无需任何Power BI许可。
Power BI Server Report
本地IaaS解决方案，全手工打造，灵活设置，但需IT专人维护。许可来自SQL SA Key或者Premium 的Power BI Server Key。

图 3.8.2

Premium 与 Embedded 的内容会在后文另外介绍，本节主要介绍 Pro 许可下的 Power BI Service 功能。

3.8.2 工作区的概念

工作区相当于 Power BI Service 中的管理文件夹，用户可通过 Power BI Desktop 将报表发布到 Power BI 工作区中，工作区的管理者可管理权限的分配。根据不同的许可方式，工作区可使用 Premium 专有云能力或 Pro 公有能力的资源，如图 3.8.3 所示。

报表
报表
报表
发布到
Power BI
工作区
分配
容量

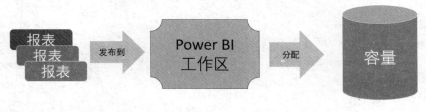

图 3.8.3

从分享的角度而言，工作区分为“我的工作区”（My workspace）和“工作区”

（Workspaces）两种，如图 3.8.4 所示。"我的工作区"属于个人使用的范畴，通常不用于与他人分享。而"工作区"则是与其他人协同使用的公用工作区。

从工作区创建形式而言，工作区又可被分为 Power BI 类型工作区与 SharePoint 类型工作区（包括 Teams）两种。用户的报表只能发布于 Power BI 类型工作区，这类工作区是通过"Create a workspace"命令创建的，如图 3.8.5 所示。

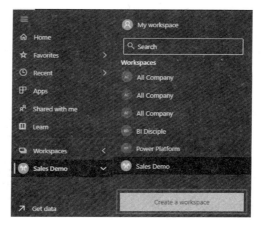

图 3.8.4   图 3.8.5

从技术的角度而言，工作区也可被分为经典工作区与新型工作区两种。单击工作区旁的按钮，经典工作区和新型工作区菜单里的内容各有不同，如图 3.8.6 所示。

两者的区别可以简单描述为前者是基于 Office 365 成员组管理机制建立的工作区，受 Office 组的限制，在管理组中的成员时，只能逐个添加成员。后者是独立于 Office 365 管理组机制的工作区，可添加邮件组、安全组、Office 成员组和个人为组成员，从而让管理效率大为提升。默认创建的新工作区皆是新型工作区。细心的读者可能会发现，在"创建工作区"界面中，有一个"恢复为经典"命令，如图 3.8.7 所示。

图 3.8.6 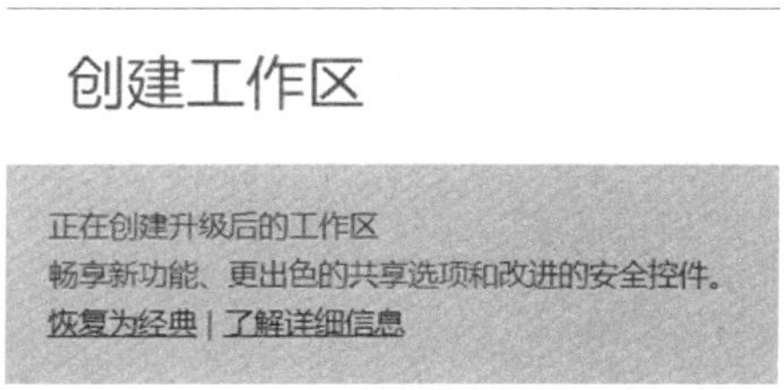   图 3.8.7

3.8.3 内容分享管理

图 3.8.8 中列举了 Power BI Service 中的各种内容分享形式及它们之间的数据依存关系，其中箭头代表数据流动方向。

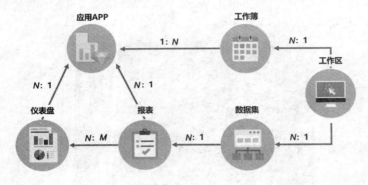

图 3.8.8

单击图 3.8.6 中的"工作区访问"命令或单击图 3.8.9 中菜单栏中的"Access"按钮，会跳转至 Access 设置框中，其中包含 4 种角色（管理员、成员、参与者、查看器。这里翻译成"查看器"有些别扭，其原英文名称是 Viewer）。

图 3.8.9

图 3.8.10 为 4 种角色所对应的权限设置。其中"管理员"的权限最大，控制整个工作区中的所有操作；"成员"的权限相当于内容管理者的权限；"参与者"相当于工作人员，具有一定的编辑权限；而"查看器"的权限仅可阅读内容。

功能	管理员	成员	参与者	查看器
更新和删除工作区	×			
添加/删除成员，包括其他管理员	×			
添加具有较低权限的成员或其他人员	×	×		
发布和更新应用程序	×	×		
共享项目或共享应用程序	×	×		
允许其他人共享项目	×	×		
在工作区创建、编辑和删除内容	×	×	×	
将报告发布到工作区、删除内容	×	×	×	
基于本工作区的一个数据集创建另一工作区的报告	×	×	×	
复制报告	×	×		
查看并交互	×	×	×	×

图 3.8.10

提示：如果用户只具有 Power BI Free 许可，则只能被分配为"查看器"角色。其他角色需要用户具有 Power BI Pro 许可。图 3.8.11 为 Power BI Free 许可用户升级为 Power BI Pro 许可的界面。

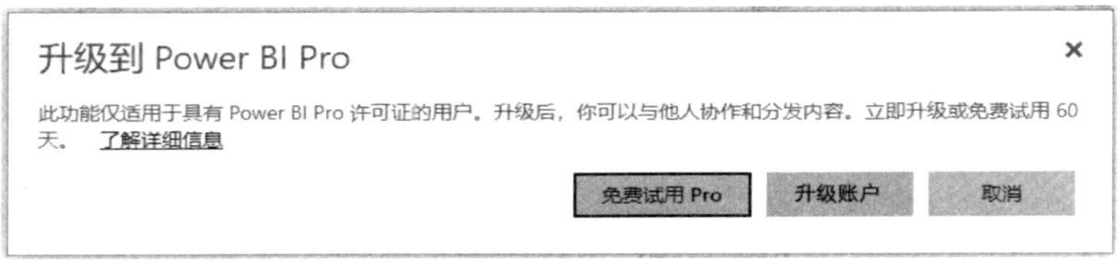

图 3.8.11

另外，数据集和数据流都涉及编辑权限，故此 Power BI Free 许可用户和 Power BI Pro 许可用户能查看的内容是不同的，如图 3.8.12 所示。

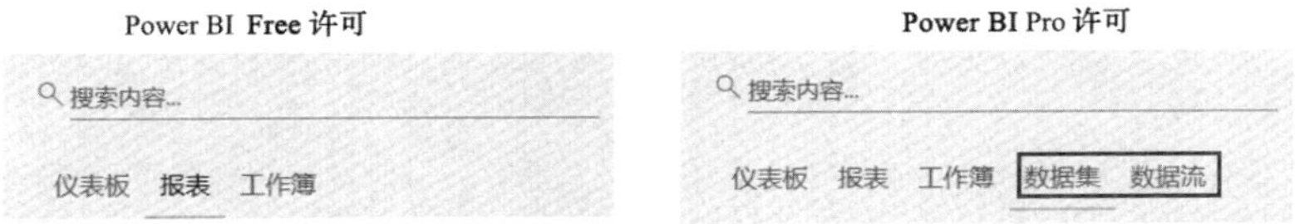

图 3.8.12

1．内容分享

（1）数据集分享

可单独将数据集分享给非本工作区的 Power BI Pro 许可用户，使其重用数据集（见图 3.8.13），而不通过工作区的方式。分享成功后，用户默认会收到提示邮件。单击对应数据集旁的"…"标示，在弹出的菜单中单击"管理权限"命令，再单击"添加用户"命令，即可添加用户，如图 3.8.13 所示。

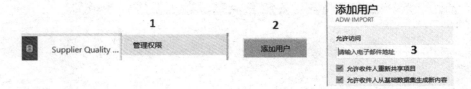

图 3.8.13

（2）工作簿分享

工作簿分享是一种比较少见的分享方式，其原理是将整个 Excel 工作簿上传到门户网站中分享。在获取工作区的角色后，用户可以自动获得工作簿的访问权限。

（3）报表分享

可将报表单独分享给非本工作区中的任何用户，可以选择是否再与他人分享报表、是否使用数据生成新内容、用户是否会收到自动提醒邮件等。单击对应报表上方菜单中的"共享"命令，可以进行共享报表的设置，如图 3.8.14 所示。

图 3.8.14

（4）仪表板分享

与报表相似，可单独将仪表板分享给非本工作区中的任何用户。

（5）APP 分享

通过 APP 分享方式，可在 APP 中一次分享不同的仪表板、报表和工作簿。如图 3.8.15 所示，所有仪表板、报表和工作簿旁都设有"包括在应用中"开关，默认状态为"是"，即内容会出现在 APP 中。单击菜单中的"发布应用"按钮，在打开的对话框中的"权限"栏下可以添加个人或组共享 APP。如果"整个组织"选项为灰色，则是因为门户管理中的"租户设置"有关选项所致。

图 3.8.15

（6）分享方式的比较

通常，当仅需要向用户一次性分享内容时，可直接分享报表和仪表板。但此种方式的缺点也是显著的：不利于系统管理。假设在工作区中创建了新报表，则必须再分享一次，因此用户会不断收到邮件提示新的分享内容（见图 3.8.16）。

图 3.8.16

更为高效的分享方式是 APP 分享与工作区分享。APP 分享甚至可以是全组织范围内的大规模分享。APP 分享的内容形式为只读，而工作区分享是通过配置 4 种角色，使分享事项更为具体和细化。需要记住，一旦分享了工作区，用户会默认获取工作区内的所有内容。究竟何时使用 APP 分享或工作区分享没有绝对的标准，要视具体要求而定。一般而言，如果分享目标为只读内容，则建议使用 APP 分享，因为其更容易控制用户权限。

3.8.4　Power BI Service 的国际与国内版本

微软的 Microsoft Azure 是由中国公司世纪互联独立运营的。先登录中国 Power BI Service 的官方网站，如图 3.8.17 所示。由于服务器设置在中国，国内用户访问 Power BI Service 中国版时，在性能与速度上比访问 Power BI 国际版有优势。

如果企业在国际上没有分公司，则可以考虑购买 Power BI Service 中国版。外企一般会购买国际版，或者购买一个国际版与一个中国版，二者并存使用。但是这两个版本完全独立运营，企业要为两个环境购买两套许可，也要考虑账户的同步问题。

图 3.8.17

3.9 Power BI Service 应用：通过"在 Excel 中分析"功能读取 Power BI 数据

3.9.1 为什么需要"在 Excel 中分析"

首先解释一下什么是"在 Excel 中分析"（Analyze in Excel）。实际上，"在 Excel 中分析"就是用 Excel 读取发布到 Power BI Service 中的数据集的一种方式。图 3.9.1 所示的是使用 Excel 读取前文发布的销售分析报表的数据集。

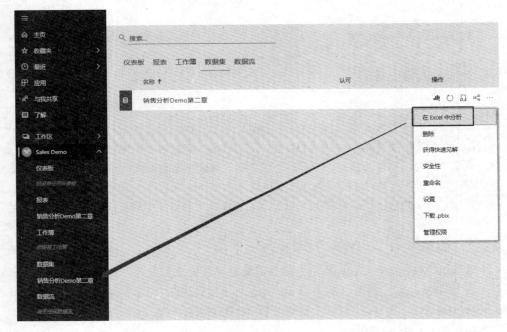

图 3.9.1

那么为什么要使用"在 Excel 中分析"功能呢？

1. 理由一：为了更好地支持导出数据

Power BI 可视化图中的数据不能被直接复制并应用，需要通过单击页面右上角的"导出数据"命令将对应的数据导出。图 3.9.2 为导出数据前的矩阵图，图 3.9.3 为导出的结果，可见导出的内容为普通的表，而非矩阵图。

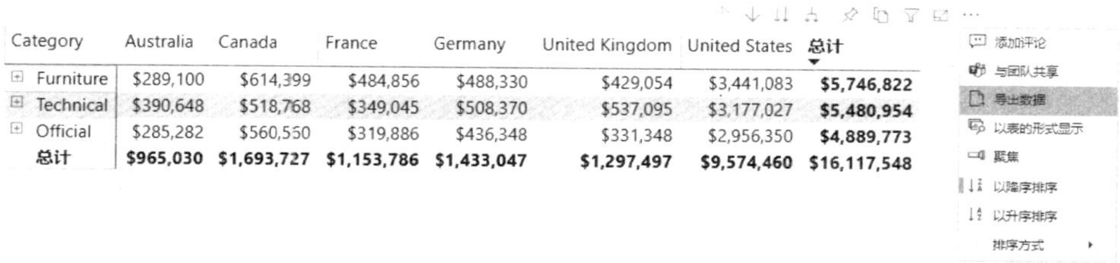

Category	Australia	Canada	France	Germany	United Kingdom	United States	总计
Furniture	$289,100	$614,399	$484,856	$488,330	$429,054	$3,441,083	**$5,746,822**
Technical	$390,648	$518,768	$349,045	$508,370	$537,095	$3,177,027	**$5,480,954**
Official	$285,282	$560,550	$319,886	$436,348	$331,348	$2,956,350	**$4,889,773**
总计	**$965,030**	**$1,693,727**	**$1,153,786**	**$1,433,047**	**$1,297,497**	**$9,574,460**	**$16,117,548**

图 3.9.2

	A	B	C	D	E
1	未应用任何筛选器				
2					
3	Category 层次结构 - Category	Category 层次结构 - SubCategory	Category 层次结构 - ProductKey	Sales.Sum	CountryRegionName
4	Furniture	Desk	Furniture-Desk-10002513	$74,022	United States
5	Furniture	Chair	Furniture-Chair-10001520	$72,374	United States
6	Technical	Phone	Technical-Phone-10003861	$68,519	United States
7	Official	Appliances	Official-Appliances-10004340	$62,478	United States
8	Official	Appliances	Official-Appliances-10004731	$62,198	United States

图 3.9.3

显然，在 Power BI 中直接导出数据的格式只可以是表格式，但使用“在 Excel 中分析”功能可直接在 Excel 中创建 Excel 透视表，解决数据导出格式不一致的问题，如图 3.9.4 所示。

	A	B	C	D	E	F	G	H
2	行标签	Australia	Canada	France	Germany	United Kingdom	United States	总计
3	Furniture	$289,100	$614,399	$484,856	$488,330	$429,054	$3,441,083	$5,746,822
4	Official	$285,282	$560,560	$319,886	$436,348	$331,348	$2,956,350	$4,889,773
5	Technical	$390,648	$518,768	$349,045	$508,370	$537,095	$3,177,027	$5,480,954
6	总计	$965,030	$1,693,727	$1,153,786	$1,433,047	$1,297,497	$9,574,460	$16,117,548

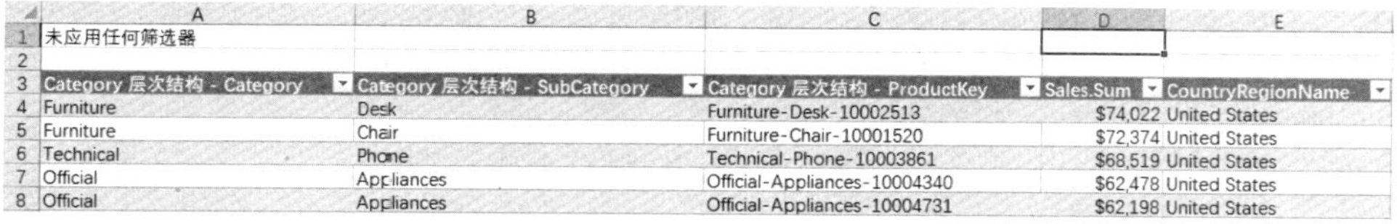

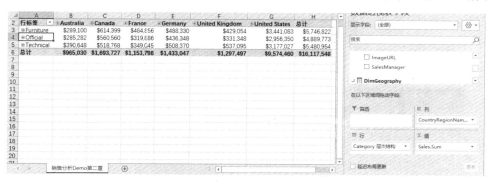

图 3.9.4

2. 理由二：突破行数的限制

Power BI 报表中的数据行是有上限的。当在某些分析场景中需要突破行数限制时，Power BI 就无法实现了，Excel 行数的限制约在 104 万行，可以满足更多行数的分析需求。

注意：在 Power BI Desktop 环境下，数据导出格式为.csv，行数上限为 3000 行，在 Power BI Service 环境下，导出格式可以是.xlsx 格式，行数上限为 15 万行（见图 3.9.5）。

图 3.9.5

"在 Excel 中分析"功能不仅给用户提供了多样的前端呈现选择，还保证了数据的唯一性。因为 Excel 读取的是已经发布在 Power BI Service 中的数据集。

3.9.2 如何实现"在 Excel 中分析"

如果是第一次使用"报表发布"功能的用户，则可在报表发布完成后，单击 Power BI Service 界面上方的 标示，然后选择"获取'在 Excel 中分析'更新"命令，如图 3.9.6 所示。

图 3.9.6

在弹出的图 3.9.7 所示的对话框中，已经有关于"在 Excel 中分析"功能的简要介绍，单击"下载"按钮，即可安装此功能。

完成安装后，在数据集中单击界面右侧的"..."按钮，在弹出的下拉菜单中单击"在 Excel 中分析"命令。之后 Power BI 会在本地产生一个后缀为.odc 的文件，这是连接 Excel 与后台数据源的.xml 配置文件。双击该文件后，一个新的 Excel 文件会被打开。

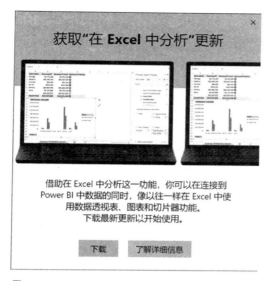

图 3.9.7

3.9.3 "在 Excel 中分析"功能的特点

1. 特点一：数据模型存在于云端

在 Excel 菜单中单击"Power Pivot→管理"命令（在 Excel 2013 版本中需要下载并安装此功能，在 Excel 2016 版本中需要在加载项中启动此命令），如图 3.9.8 所示。

图 3.9.8

此时图 3.9.9 所示的数据模型视图内空空如也，这说明 Excel 本身并不拥有数据模型，而是直接读取 Power BI Service 中的数据模型。如上所述，这样有益于保持数据的唯一性。

图 3.9.9

单击"查询和连接"命令，可看到 Excel 连接数据的信息，如图 3.9.10 所示。

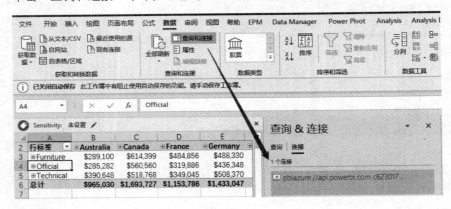

图 3.9.10

2. 特点二：可视化图的设置

就可视化功能而言，Power BI 自然比 Excel 强大许多，但 Excel 中仍然提供了一些基本的可视化分析工具。

参照图 3.9.11，可为报表添加切片器。

图 3.9.11

若要创建新的图形，则可以单击"插入→数据透视表"命令，然后参照图 3.9.12 设置数据源。再单击"打开"按钮，产生新的透视表。选中该透视表，参照图 3.9.13，单击"数据透视图"命令，即可创建数据透视图。

注意：不同于 Power BI，Excel 中的透视图是没有交互筛选行为的。

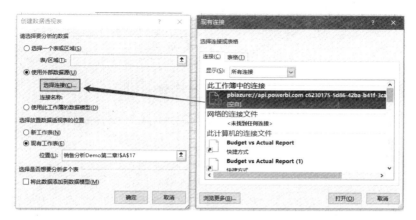

图 3.9.12

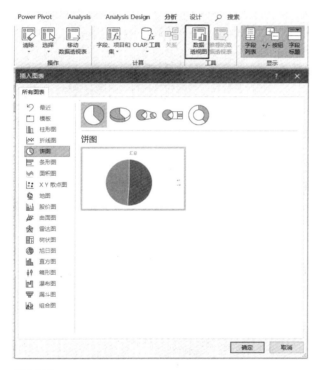

图 3.9.13

3. 特点三：不支持隐式度量

在数据透视表的字段属性中，原来的数值字段旁的"Σ"符号消失了，这也意味该字段无法作为一个隐性度量被使用。在数据透视表中只可以使用数据模型中已创建好的显性度量，如图 3.9.14 所示。

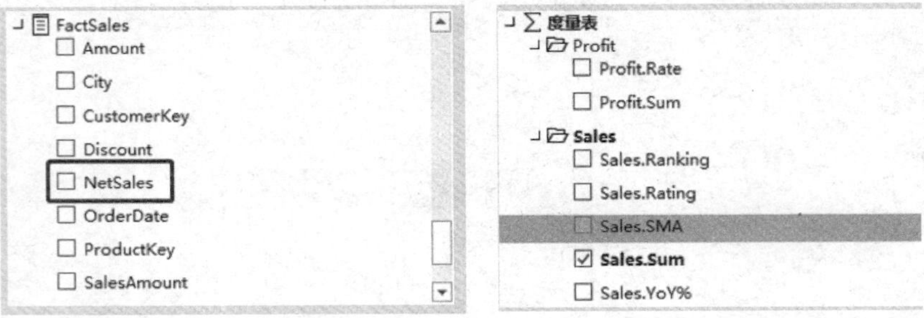

图 3.9.14

小结：在本例中，Excel 中只是读取了 Power BI 中的数据模型，并生成数据透视表，做到了 Excel 与 Power BI 之间的无缝切换。

Power BI 中所有的数据都是结构化的，这既是 Power BI 的局限也是 Power BI 的特征。因此，将所有可视化图形一次全部转换到一张表中，在逻辑上是不可行的。

3.10　Excel 应用：拆分 Excel 数据透视表

本节基于"在 Excel 中分析"功能，介绍 Excel 中的拆分数据透视表功能。为什么要拆分数据透视表？虽然数据透视表的功能很强大，但数据透视表本身是一个不可被拆分的整体，不如 Excel 的公式灵活。

拆分数据透视表就是将整个数据透视表变为数个单元格，其好处是用户可以更加灵活地在 Excel 中读取数据。拆分数据透视表又被称为"打 CUBE"。所谓"CUBE"，就是数据立方体。虽然 Excel 数据表是二维的，但是读者可以将其想象为 N 维立方体，数据透视表就是由数个立方体组成的，如图 3.10.1 所示。

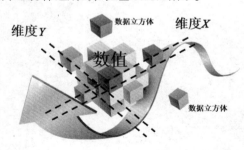

图 3.10.1

选中具体的数据透视表后，单击"分析→OLAP 工具→转换为公式"命令，如图 3.10.2 所示。

图 3.10.2

在弹出的对话框中勾选"转换报表筛选"复选框,单击"类型转换"按钮,如图 3.10.3 所示。

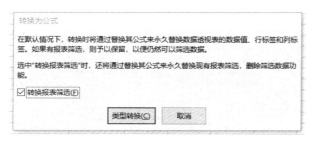

图 3.10.3

原有的数据透视表被"展平"了。实际上,单元格中的内容由数据表被转换为 CUBEVALUE 公式,筛选上下文的作用依然存在,如图 3.10.4 所示。

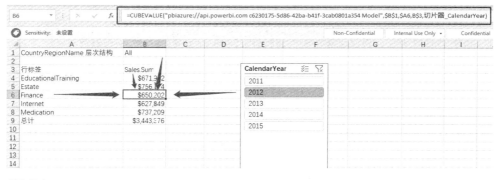

图 3.10.4

```
=CUBEVALUE("pbiazure://api.powerbi.com c6230175-5d86-42ba-b41f-
3cab0801a354 Model",$B$1,$A6,B$3,切片器_CalendarYear22)
```

而上下文字段本身是由 CUBEMEMBER 函数组成的，如图 3.10.5 所示。

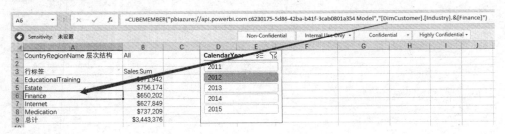

图 3.10.5

```
=CUBEMEMBER("pbiazure://api.powerbi.com c6230175-5d86-42ba-b41f-
3cab0801a354 Model","[DimCustomer].[Industry].&[Estate]")
```

于是，只要掌握了具体的规则，就可以动态地创建基于单元格的数值，如图 3.10.6 所示。这样便可更便利、自由地读取数据。

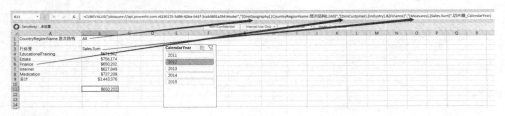

图 3.10.6

```
=CUBEVALUE("pbiazure://api.powerbi.com c6230175-5d86-42ba-b41f-
3cab0801a354 Model","[DimGeography].[CountryRegionName 层次结构].[All]",
"[DimCustomer].[Industry].& [Finance]","[Measures].[Sales.Sum]",切片器
_CalendarYear2)
```

注意：OLAP 单元格是不可作为数据源供 Power Query 使用的，系统会提示是否要先将其转换为静态文本，如图 3.10.7 所示。

但实际上，即使可以单击"是"按钮，仍然会出现错误，如图 3.10.8 所示。因此若需要再次导入 Power Query，则通过粘贴数值的方式更为稳妥，如图 3.10.9 所示。

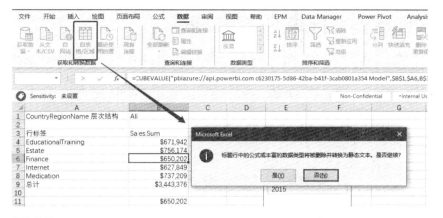

图 3.10.7

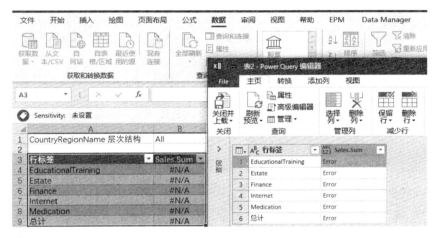

图 3.10.8

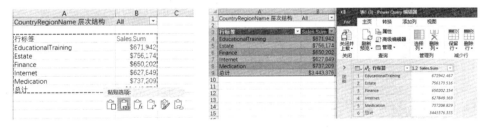

图 3.10.9

3.11 数据建模：行级别权限设置

行级别安全性（Row Level Security，RLS）是指在同一个报表中，不同用户因其角色的设置会看到不同级别的内容。也有人将其称为"行级别权限设置"。Power BI 中的权限是指用户是否有阅览或编辑内容的权限，而安全性是指用户仅看到应该看到的内容，二者的作用不同。下面的示例分别介绍静态行级别权限设置与动态行级别权限设置。

我们为每个国家设置一个对应的角色，该角色只能看到与该国家相对应的内容，如图 3.11.1 所示。

GeographyKey	City	StateProvinceCode	StateProvince	CountryRegionCode	Country	SalesTerritoryKey
292	Alhambra	CA	California	US	United States	4
293	Alpine	CA	California	US	United States	4
294	Auburn	CA	California	US	United States	4
295	Baldwin Park	CA	California	US	United States	4
296	Barstow	CA	California	US	United States	4
297	Bell Gardens	CA	California	US	United States	4
298	Bellflower	CA	California	US	United States	4

图 3.11.1

1. 静态行级别权限设置

在菜单中单击"管理角色→创建"命令，在弹出的对话框中单击"DimGeography→添加筛选器→Country"命令，如图 3.11.2 所示。

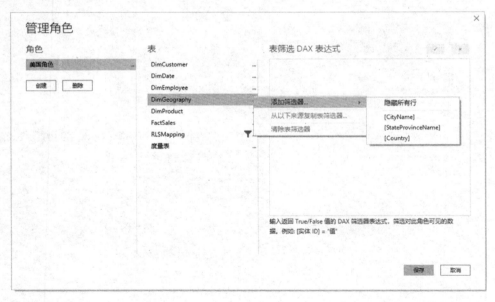

图 3.11.2

在"表筛选 DAX 表达式"文本框中填入国家名称并保存，如图 3.11.3 所示。

图 3.11.3

在菜单中单击"以角色身份查看"命令,在打开的对话框中勾选新创建的角色名称,单击"确定"按钮。观察报表的变化,数据中仅保留该国家相关的数据,如图 3.11.4 所示。

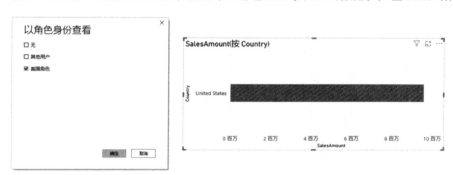

图 3.11.4

将报表发布到 Power BI Service 中后,单击对应的数据集旁的 标示。在弹出的菜单中的"安全性"选项下选择角色,输入对应用户的电子邮件,单击"确定"按钮完成,如图 3.11.5 所示。

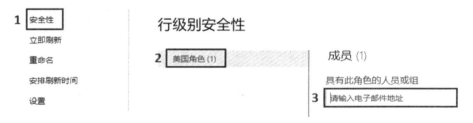

图 3.11.5

静态行级别权限设置方法操作直接、简单,适合于设置少量的用户安全权限。但安全内容一旦发生变动,如新增国家、新增员工,那么管理人员需要面对大量重复性的维护工作,费时费力,也容易出错。

2. 动态行级别权限设置

用户可在数据集内利用 DAX 函数中的 USERNAME 或 USERPRINCIPALNAME 函数返回用户信息,动态设置行级别权限。在 Power BI Desktop 中,USERNAME 函数将返回采用"域\用户"格式的用户信息,USERPRINCIPALNAME 函数将返回采用"user@contoso.com"

格式的用户信息。在 Power BI Service 中，USERNAME 和 USERPRINCIPALNAME 函数都将返回用户的用户主体名称（UPN），类似于电子邮件地址。

下面先创建一张 Excel 表，如图 3.11.6 所示。其中包含用户的登录邮件信息。

图 3.11.6

将 Excel 表导入模型中，以"SalesTerritoryKey"字段为关联键，将图 3.11.7 中的两张表连接。

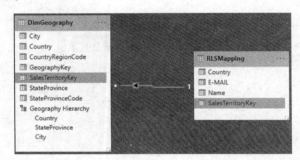

图 3.11.7

再次单击"管理角色"命令，在打开的对话框中清除原来的表筛选 DAX 表达式，参照图 3.11.8 写入新的表筛选 DAX 表达式：[E-MAIL] = userprincipalname()，单击"保存"按钮完成。

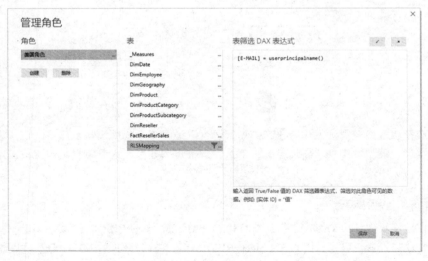

图 3.11.8

再次单击"以角色身份查看"命令，在打开的对话框中勾选标注框中的复选框，输入对应的邮件地址，如图 3.11.9 所示，单击"确定"按钮完成，筛选结果与图 3.11.4 中的左图一致。

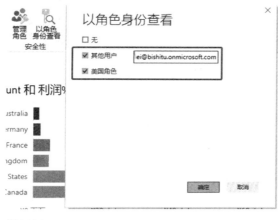

图 3.11.9

小结：对于简单、变动少的安全性设置，静态行级别权限足矣。而动态行级别权限的灵活性更大，管理人员通过维护行级别表，可以实现 DAX 级别的安全控制。微软在其官网中也列出以下常见问题。

问：我是否可以为 Analysis Services 数据源创建这些角色？

答：如果你将数据导入 Power BI Desktop 中，那么可以创建这些角色。如果你正在使用实时连接，那么你无法配置 Power BI Service 中的 RLS。RLS 是在 Analysis Services 模型本地定义的。

问：我能使用 RLS 限制用户可以访问的列或度量值吗？

答：否。如果用户有权访问特定的数据行，那么他们可以查看该行的所有数据列。

问：RLS 是否允许我隐藏详细的数据，但可以访问视觉对象中汇总的数据？

答：不允许。你可以保护单个数据行，但用户始终可以查看详细信息或汇总的数据。

问：如果我已被分配现有的角色和成员，我是否可以在 Power BI Desktop 中添加新角色？

答：可以。如果已在 Power BI 报表服务器中定义了现有角色并分配成员，则可以创建其他角色并再次发布报表，且不会影响当前角色和成员的分配。

第 4 章
Power BI 应用案例

本章介绍 3 个经典的 Power BI 应用案例，其中涉及 Power BI 中的 AI 语义分析、Power BI 与 Python 机器学习模块的结合，以及 Power BI 与 VBA 的结合。

4.1 语义分析的应用：《辛普森一家》

应用技术：AI 情感分析

分析目的：使用 1990—2018 年共 28 年的数据（包括数字数据和文本数据——数据的来源是 data.world）来分析电视剧《辛普森一家》中的一些有趣的事实，包括观众的趋势、IMDb 评分的变化、情绪与观众数量的相关性。

第一个页面是《辛普森一家》的欢迎界面，主题颜色是此电视剧中最常见的黄色，引人入胜，如图 4.1.1 所示。其中的导航箭头是利用 Action 设置的。

图 4.1.1

第二个页面是统计数据的总览，如图 4.1.2 所示。其中的"Correlation Between Sentiment & Viewers"部分是利用的 Power BI 的文本分析功能实现的，呈现方式是线柱图。其中柱子代表的是平均浏览人数，曲线代表角色语言的情感变动。该值的范围为 0~1，0.5 是一个中位值。正面情绪与值的大小成正比。由此，可以观察到此电视剧从 1990 年开播以来，观看人数大致呈下降趋势，而剧情内容大多数体现为负面情感。

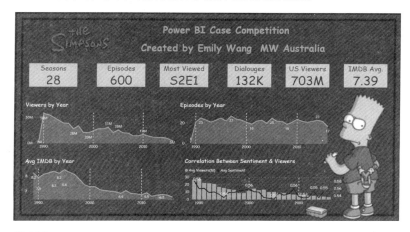

图 4.1.2

第三个页面是细化维度分析，它允许用户在每一季的《辛普森一家》中动态导航并找到每一集的关键事实，如图 4.1.3 所示。

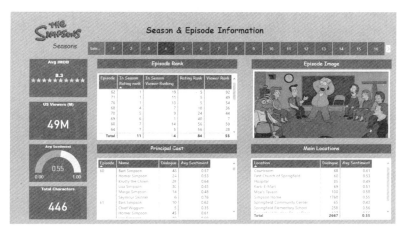

图 4.1.3

第四个页面仍然是细化维度分析，如图 4.1.4 所示，报表中的 4 个表是动态连接的。例如，通过选择一个排名前 10 位的强制类型转换选项，用户能够看到前 5、前 10、前 15 名会话最多的演员和地理位置。

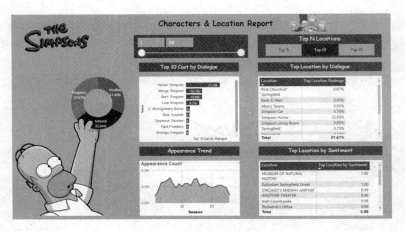

图 4.1.4

最有趣的是，作品通过使用微软的 Azure 文本分析软件分析了超过 13.2 万段对话，展示了在过去 28 年里，前 10 名演员的情绪变化趋势。在准备案例时，作者使用了 Azure 文本分析服务。然而，自 2019 年 11 月以来，Power BI 已经将该服务集成在 Power BI 查询的预览 AI 功能中。以下介绍如何在 Power BI 和 Azure 中实现文本分析。

4.1.1 Power BI 中的实现步骤

1. 在 Power BI 中启用文本分析功能

首先在 Power BI "选项"对话框中确认"AI 见解函数浏览器"功能是开启的，如图 4.1.5 所示。若要使预览功能更改生效，则需要重新启动 Power BI。

图 4.1.5

2. 在 Power BI 中调用文本分析功能

开启完毕后，在"编辑查询"界面中选中目标字段，单击"文本分析"按钮，如图 4.1.6 所示。

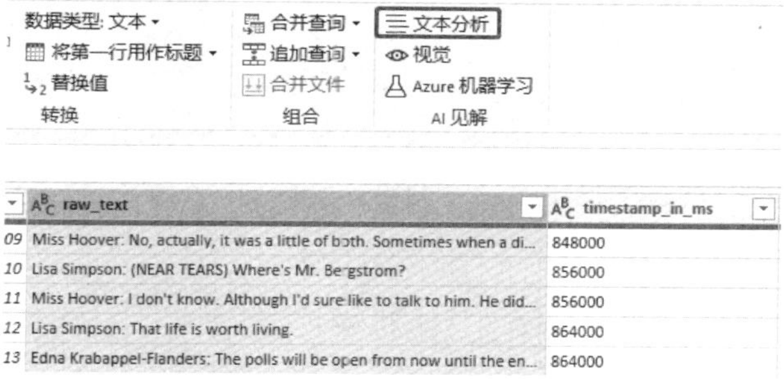

图 4.1.6

系统会提示要登录 AI function（AI 功能），登录成功后，在弹出的"文本分析"对话框中选择"Score sentiment"（情感分析）选项，单击"确定"按钮完成，如图 4.1.7 所示。

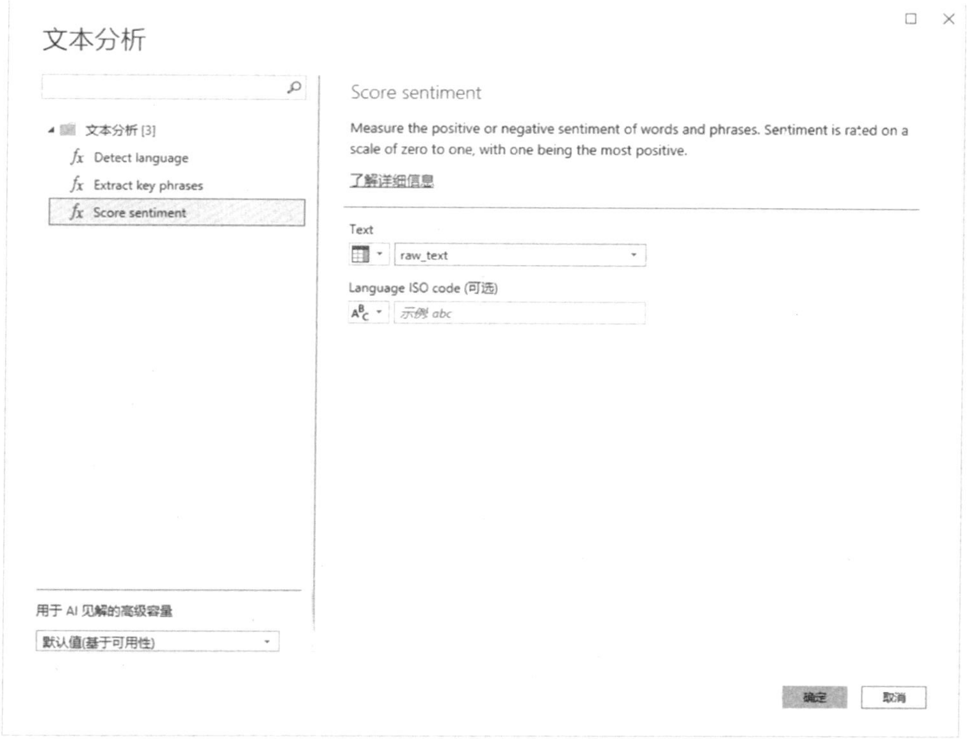

图 4.1.7

注意，Power BI 会启用专有能力（Power BI Premium）来运行该分析，并返回结果。可以在"文本分析"命令的下拉菜单中更改用于所有情感分析的专有能力。

注意，Power BI 中的数据集刷新只适用于隐私级别被设置为 public 或 organizational 的数据源。在调用函数后，结果被作为新列添加到表中。转换也被作为应用步骤添加到查询中。最终完成的分析结果如图 4.1.8 所示。所有注释都被"翻译"成 0~1 的数字。分数越低，评论显示的情感越消极。

Guest Comment	Score sentiment
Text	0.499000758
Like	0.639412344
Hate	0.128835857
Yes	0.5977391
No	0.382442951
Ok	0.524523735
I don't know	0.364583969
Is it true?	0.609741926
Kill	0.247721314
Death	0.288252175
Love	0.82912147

图 4.1.8

4.1.2 Microsoft Azure 实现方式

目前，"AI 转换"下的"文本分析"与"视觉"功能需要在 Power BI Premium 环境中启用。若无 Power BI Premium 服务，则用户可通过"Azure 机器学习"功能调用 Azure 机器学习中训练好的模型提供的语义分析功能。

登录 Azure 界面后，单击"创建资源"按钮，在弹出的界面中输入"text analytics"，如图 4.1.9 左图所示，界面跳转至图 4.1.9 右图所示的页面中，单击"创建"按钮。

图 4.1.9

参照图 4.1.10 左图，填写选项，单击"创建"按钮，完成部署后，在 4.2.10 右图中单击"转到资源"按钮。

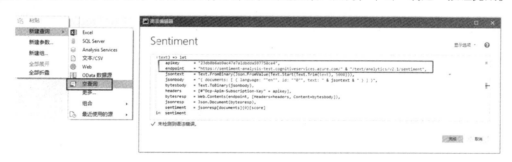

图 4.1.10

在弹出的对话框中，单击密钥框中的"复制"按钮，将复制的密钥粘贴在 NotePad 中。

在"编辑查询"界面中，右击查询面板，在弹出的快捷菜单中选择"新建查询→空查询"命令，如图 4.1.11 左图所示。选中新查询，将其命名"Sentiment"，再在"高级编辑器"对话框中输入右图所示的代码，将前面复制的密钥和终结点放入其内，单击"确定"按钮完成。

图 4.1.11

提示：在代码 endpoint = "https://sentiment-analysis-test.cognitiveservices.azure.com/" 后加上 /text/analytics/v2.1/sentiment。

然后选中"simpsons_script_lines"（台词）字段，单击菜单中的"调用自定义函数"命令，调用查询"Sentiment"完成分析，如图 4.1.12 所示。

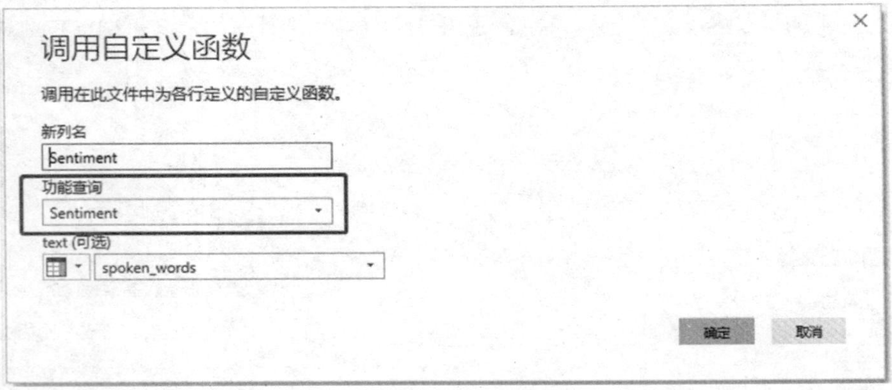

图 4.1.12

小结：这个案例的重点是使用 Azure 认知服务来分析文本信息，以显示电视剧的情节和角色的情绪评分信息。

进行文本分析和执行更多人工智能计算的能力极大地扩展了 Power BI 的潜在功能，使其可以被应用到与文本相关更多的领域，如营销、公司事务。这种新的人工智能功能与基于 Web 的评论分析的 Flow 携手并进的情况并不少见。

4.2　自然语言归纳与聚类学习的应用：《凡高的故事》

应用技术：自然语言归类与聚类分析

分析目的：分析凡高画作主题的类型及其作品用色的特点

作为后印象主义画派最杰出的代表之一，凡高流芳百世的名作有很多，其中最为出名的有"向日葵系列""麦田系列""星空系列"等。单从这些流行度高的作品来看，凡高似乎更钟情于风景类和植物类的题材。而如果把时间轴扩展到凡高的整个绘画生涯，那么凡高更倾向于哪类题材的绘画？

在维基百科的凡高数据集里，有一列是描述性的文本字段，其中描述了凡高的 800 多幅油画作品中每幅画作的主题，如表 4.2.1 所示。为了探索凡高对题材选择的倾向，我们需要使用文本挖掘技术来对这些描述进行数据分析。

表 4.2.1

编号	描述
1	Still Life with Beer Mug and Fruit
2	Still Life with Cabbage and Clogs
3	Still Life with Clogs
4	Peasant digging

续表

编 号	描 述
5	Girl in the Woods
6	View of the Sea at Scheveningen
7	Two Women in the Woods
8	Girl in White in the Woods
9	A Girl in the Street, Two Coaches in the Background
10	Edge of a Wood
11	Fisherman's Wife on the Beach
12	Fisherman on the Beach
13	Landscape with Dunes and Figures
14	Landscape with Net Menders
15	The New Church and Old Houses in The Hague
16	Landscape with dune
……	……

1. 技术实现一：词云图

先将这些描述生成一个词云图。词云图是文本可视化技术中最常见的图形，可以很直观地突出显示一段文本中的高频词汇。在 Power BI 中制作词云图非常方便。

第一步，在 Power BI 的应用商店中下载"Word Cloud"这个可视化组件。

第二步，把表 4.2.1 所示的数据导入 Power BI 中，并把"描述"这一列字段拖入"类别"栏中。

第三步，在"格式"栏的"常规"页里设置分词。

第三步非常重要，只有设置了分词，词云图才会把每行的描述拆分成单词，进行词频统计。而且 Power BI 默认会剔除所谓的"停用词"，例如"on""the"等没有实际含义的词汇，如图 4.2.1 所示。

做完这些基本的设置后，一个基本的词云图就生成了。在词云图中，位置和字号最显眼的词汇就是占比最高的词汇，即所谓的高频词。从图 4.2.2 中可以看到，凡高画作描述里出现的高频词汇是"Woman""Peasant""Portrait"等。从中可以看出女性、农民等人物常常出现在凡高的绘画中。

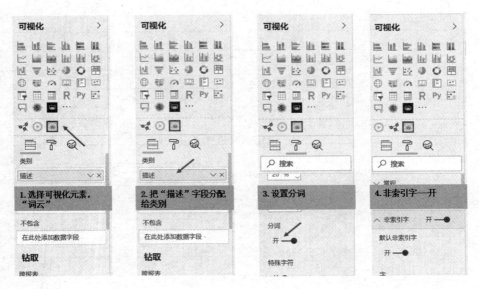

图 4.2.1

图 4.2.2

2. 技术实现二：词向量模型

词云图虽然直观，但是无法回答一个问题：凡高更偏爱什么主题的画作？因为词云图只是对单个词汇的出现频率的统计，对于语义或类型接近的词汇，则无法进行归类及汇总。例如"Potatoes""Peach""Willows"都是植物类型的词汇，那么植物类型的主题，在词云图里占比多少，这是词云图无法回答的，需要使用更加高级的文本分析技术来进行语义级别的分析。

经过多年的语言教育，人类可以轻松解析文本背后的语义，但是计算机程序只能解析数字信息。也就是说，文本数据需要经过数学模型的转换，转换成计算机可识别的数字信息。词向量就是这样一种技术。词向量模型的训练需要基于规模非常庞大的文本数据，技术难度和对计算性能的要求都非常高。好在我们可以站在巨人的肩膀上。目前，互联网中有很多开源项目都提供了已经训练好的模型，大大降低了技术门槛。这里要用到的是基于谷歌新闻的海量数据，使用神经网络算法建模，将每一个英文单词表达成数学向量。语义越接近的词汇，它们的向量距离也越接近，由此，计算机就根据语义将词汇进行分类，如图 4.2.3 所示。

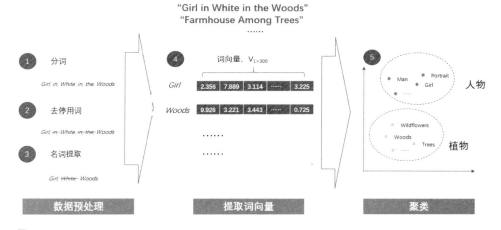

图 4.2.3

这里将使用词向量技术，对表 4.2.1 中所示的凡高画作的描述进行文本分析。文本分析要从数据预处理开始，这里需要使用 Python 语言的 NLTK 开源库，具体步骤介绍如下。

第一步，分词。计算机处理文本的最小单位是词汇，分词就是把语句切分成词汇，例如这幅画作的描述是

"Girl in White in the Woods"，

进行分词后，会返回一个由单词组成的列表

["Girl"，"in"，"White"，"in"，"the"，"Woods"]

第二步，去停用词。把一些没有实际语义的介词、冠词和助词等从列表中剔除，例如"in" "the" "a" 等。

["Girl"，"White"，"Woods"]

第三步，名词提取。因为本案例的主要目标是分析凡高画作中出现的主要对象，这些信息被存储在名词中，因此我们要进一步提取列表中的名词。

```
[ "Girl", "Woods" ]
```

进行到这一步，即便没有看过凡高的画作，我们也可以联想到一个女孩在树林中的画面。

在完成数据预处理后，就要开始本案例的核心环节——提取词向量。其实操作非常简单，因为我们是站在巨人的肩膀上。正如前文所说，目前互联网中已经有很多成熟可用的开源词向量模型，比如谷歌的词向量模型，我们可以直接下载使用。这里需要用到的工具是 Gensim。Gensim 可以解析训练好的词向量模型，并输出单词的词向量。例如把"Girl"和"Woods"输入 Gensim 中，即可获取到它们的词向量，如图 4.2.4 所示。

| Girl | 2.356 | 7.889 | 3.114 | …… | 3.225 |
| Woods | 9.926 | 3.221 | 3.443 | …… | 0.725 |

图 4.2.4

词向量的本质就是数学向量，向量的维度越高，则模型越精确，但是计算开销也会大幅上升。这里用到的是 300 维的词向量。词汇语义越接近的单词，词向量的向量距离就越小。

先把数据表中所有的名词分别转换为对应的词向量，然后需要使用聚类算法把这些词汇分类汇总。聚类属于无监督的机器学习算法，可以根据数据样本的相似度来自动划分类别，不需要事先准备数据集的类别标签，即所谓的"物以类聚"。最经常使用的聚类算法是 K-Means，它通过衡量样本在数学空间中的距离来将样本划分到 K 个簇中，K 为用户事先指定的簇的数量。在本例中，样本是各个单词的词向量，使用 K-Means 算法，Man、Girl 等指代人的词汇被聚为"人物"一类，Wildflowers、Woods 等指代植物的词汇被聚为"植物"一类，如图 4.2.5 所示。

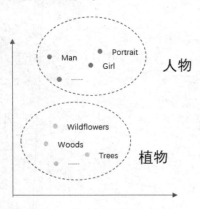

图 4.2.5

这里设定 K 为 4，获得的聚类效果图如图 4.2.6 所示。所有的单词被划分到了"Humanity"（人文），"Landscape"（风景），"Plant"（植物）、"Portrait"（肖像）4 个簇中。

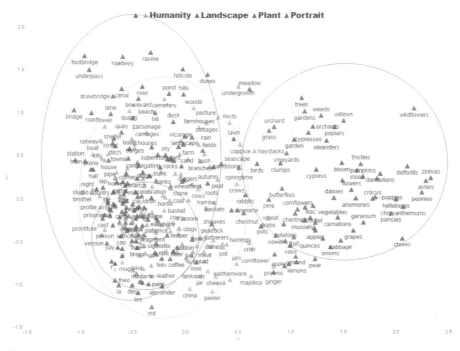

图 4.2.6

最后，基于这 4 个簇进行汇总统计。可以看到，"Humanity"和"Plant"在所有绘画作品中占比最高，即凡高更倾向于人文和植物主题的绘画。由此，我们已经完成了一个基于词向量和聚类算法的文本分析案例，从中也获得更加深入的洞察力，如图 4.2.7 所示。

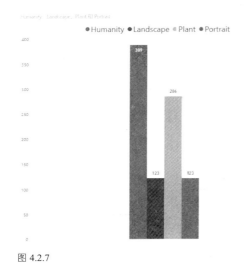

图 4.2.7

凡高是一位色彩大师，下面使用 Python 和 Power BI 对凡高画作的色彩进行分析。

1．使用 Python 进行像素提取

图片存储的色彩模式有很多种，RGB 和 HSV 是最常见的色彩模式。这里使用 Python 的 PIL 库提取凡高作品的 HSV 色彩。在对凡高的一幅绘于 1889 年的自画像（见图 4.2.8）进行逐像素的读取和转换后，进行逐像素的扫描转换，我们将得到表 4.2.1 所示的数据表。表中的每一行代表图片一个像素的 HSV 值。对于一张分辨率为 200 像素×200 像素的图片，我们将得到一个 40 000 行的表格。把表 4.2.2 输出为一个 .csv 文件。

图 4.2.8

表 4.2.2

Index	Hue	Saturation	Volume
0	0.761905	0.081395	0.337255
1	0.785714	0.081395	0.337255
2	0.761905	0.08046	0.341176
3	0.805556	0.068966	0.341176
4	0.805556	0.068966	0.341176
5	0.866667	0.057471	0.341176
6	0.9	0.056818	0.345098
…	…	…	…
39999	0.110063	0.427419	0.486275

使用 Power BI 读取 .csv 文件，在 Power BI 中获得一个名字为"SelfPortrait_hsv"的表，如图 4.2.9 所示。

Index	Hue	Saturation	Volume
0	0.761904761904762	0.0813953488372093	0.337254901960784
1	0.785714285714286	0.0813953488372093	0.337254901960784
2	0.761904761904762	0.0804597701149426	0.341176470588235
3	0.805555555555556	0.0689655172413794	0.341176470588235
4	0.805555555555556	0.0689655172413794	0.341176470588235
5	0.866666666666667	0.0574712643678161	0.341176470588235
6	0.9	0.0568181818181818	0.345098039215686
7	0.972222222222222	0.0666666666666667	0.352941176470588
8	0.055555555555555	0.0967741935483871	0.364705882352941

图 4.2.9

2．创建可视化图表

因为 Power BI 中并没有可以显示色彩分布的 HSV 色环可视化组件，因此要使用 Power BI 中的 Python 模块来自定义一个色环。注意，在当前 Power BI 的运行环境中，必须要搭建好 Python 环境，包括需要用到的 Python 库，如 Numpy、Pandas、Matplotlib 等。

第一步，首先单击 Power BI 可视化面板里的 Python 模块按钮。

第二步，把表"SelfPortrait_hsv"里的"Hue""Saturation"和"Volume"3 列拖到"Values"栏里。

第三步，单击屏幕下方的"Python script editor"栏，即可开始编写 Python 代码，如图 4.2.10 所示。

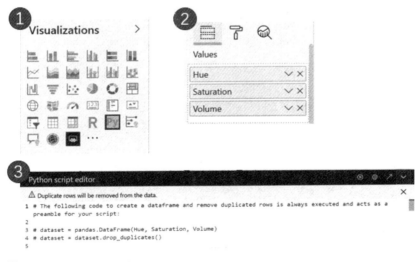

图 4.2.10

此时可以看到，当把数据拖到 Python 模块中时，Power BI 已经自动生成了一段代码。

Power BI 自动将我们导入的数据集创建了一个名为 dataset 的 DataFrame（DataFrame 是 Python 中使用最广泛的数据分析库 Pandas 的最基本数据结构，可以将其理解为一个电子表格）。

dataset 的表头默认等于拖入的 3 列数据的列名，方便我们后续调用。接下来要基于 dataset 使用 Python 进行可视化，这里需要使用的是 Matplotlib，它是 Python 一个非常强大的专门做可视化的库，通用性很好。用 scatter 函数创建一个散点图，坐标轴要选择 Polar 极坐标，这样才能绘制出一个色环。具体代码如下。

```
# Prolog - Auto Generated #
import os, uuid, matplotlib
matplotlib.use('Agg')
import matplotlib.pyplot
import pandas

os.chdir(u'C:/Users/CHENJS/PythonEditorWrapper_fcdb0647-d125-4e71-ae16-14b5ad25e01b')
dataset=pandas.read_csv('input_df_9c540514-cafd-4915-9382-bbda5dd723f1.csv')

matplotlib.pyplot.figure(figsize=(5.55555555555556,4.16666666666667), dpi=72)
matplotlib.pyplot.show = lambda args=None,kw=None: matplotlib.pyplot.savefig(str(uuid.uuid1()))
# Original Script. Please update your script content here and once completed copy below section back to the original editing window #
# The following code to create a dataframe and remove duplicated rows is always executed and acts as a preamble for your script:

# dataset = pandas.DataFrame(Hue, Saturation, Volume)
# dataset = dataset.drop_duplicates()

# Paste or type your script code here:

import pandas as pd
import matplotlib as mpl
import matplotlib.pyplot as plt
import numpy as np

col_hsv=dataset[['Hue','Saturation','Volume']].values
col_rgb=mpl.colors.hsv_to_rgb(col_hsv)
xval=np.arange(0,2*(np.pi),0.01)
yval=np.ones_like(xval)
colormap = plt.get_cmap('hsv')
```

```
norm = mpl.colors.Normalize(0.0, 2*np.pi)
ax = plt.subplot(1, 1, 1, polar=True)
ax.scatter(xval, yval, c=xval, cmap=colormap, norm=norm,
linewidths=10)
ax.scatter(col_hsv[:,0]*2*np.pi, col_hsv[:,1],s=10, c=col_rgb)
plt.show()

# Epilog - Auto Generated #
```

单击"Python script editor"栏中的运行按钮 ⊙，Power BI 就会运行代码，生成图 4.2.11 所示的图形。

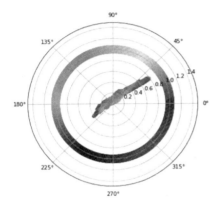

图 4.2.11

最终作品结果如图 4.2.12 至图 4.2.14 所示。

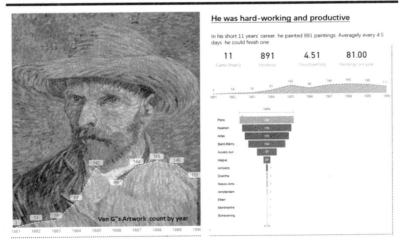

图 4.2.12

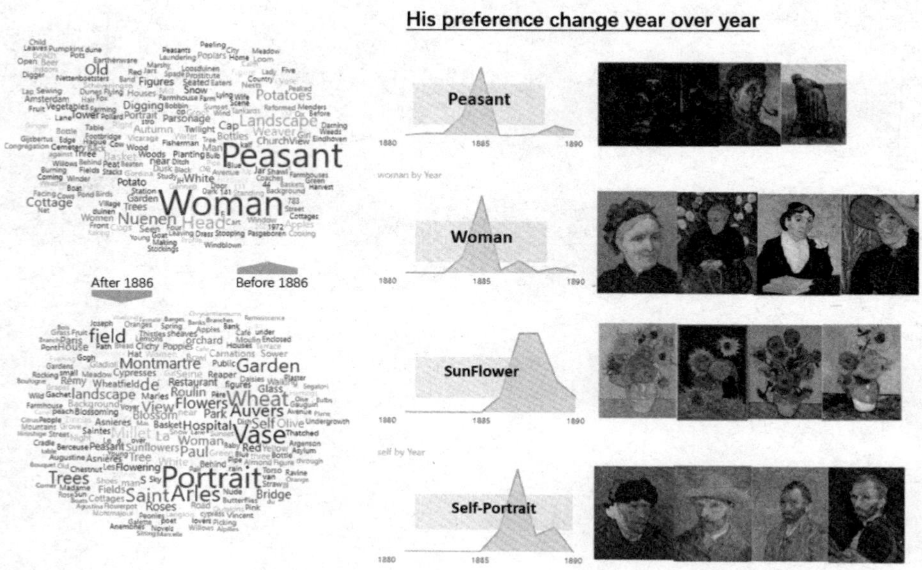
His preference change year over year
After 1886
Before 1886
Peasant
Woman
SunFlower
Self-Portrait
1880
1885
1890

图 4.2.13

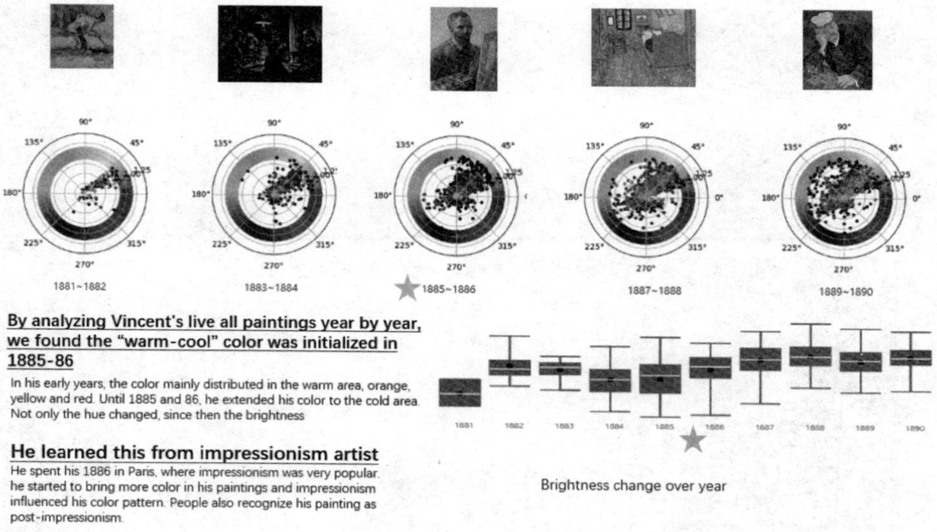
90°
135°
45°
180°
0°
225°
315°
270°
1881~1882
1883~1884
1885~1886
1887~1888
1889~1890
By analyzing Vincent's live all paintings year by year, we found the "warm-cool" color was initialized in 1885-86
In his early years, the color mainly distributed in the warm area, orange, yellow and red. Until 1885 and 86, he extended his color to the cold area. Not only the hue changed, since then the brightness
He learned this from impressionism artist
He spent his 1886 in Paris, where impressionism was very popular. he started to bring more color in his paintings and impressionism influenced his color pattern. People also recognize his painting as post-impressionism.
1881
1882
1883
1884
1885
1886
1887
1888
1889
1890
Brightness change over year

图 4.2.14

4.3 Excel Power 功能与 VBA 的结合应用：《股票量化回测》

应用技术：Excel Power 工具（Excel 中的 Power Pivot）、VBA

分析目的：

（1）依据指定的 N 只股票和 N 个交易策略，回测所有股票与所有策略相交的结果。

（2）依据日均价格变化%、AbsAveDailyChange%（价格绝对值日均变化%）、MaxDailyChange%（最大价格变动%）、MinDailyChange%（最小价格变动%）等规则进行统计排序。

作品的思路介绍如下。

（1）明确分析目的。

（2）从网上收集原始数据。

（3）追加到模型，创建 SMA（简易平均曲线），创建筛选。

（4）定义交易策略。

（5）模拟交易过程。

（6）展示交易量化结果。

（7）依据指定度量，通过 RANKX 函数进行排名。

解释：Excel Power 是指 Excel 中使用了 Power Query 与 Power Pivot 功能后的增强性 Excel 应用。

图 4.3.1 为量化分析的示意图。通过股票与策略的矩阵得出对应的年化回报率。这个作品使用 Excel 进行分析，是因为要实现事务性处理模拟，而 Power BI 仅用于分析性处理应用，因此不适用。相反，在 Excel 中使用 VBA 编程可实现模拟过程。

	策略1：买入持有	策略2：10日均线之上买入	策略3：10日均线超越20日买入	…
股票A	5.00%	10.00%	20.00%	…
股票B	6.00%	11.00%	21.00%	…
股票C	7.00%	12.00%	22.00%	…
股票D	8.00%	13.00%	23.00%	…
…	…	…	…	…

图 4.3.1

数据获取：本示例是通过一个 Excel Add-ins 功能（Excel 的一个插件）进行股票数据收集。除 Adds-in 外，也可以通过 Power Query 获取数据。

提示：使用 Office 2013 和 Office 2010 的读者需要上网安装 Power Query 和 Power Pivot 插件。从 Office 2016 版开始，Power Query 已经被整合在 Office 菜单中。如需启用 Power Pivot，则可在 Excel 中选择"文件→选项"命令，在打开的对话框中选择"加载项"选项，再单击"COM 加载项"按钮，然后单击"转到"按钮，如图 4.3.2 所示。

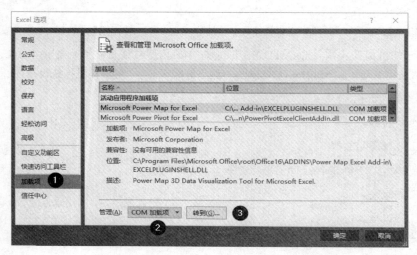

图 4.3.2

在打开的对话框中勾选图 4.3.3 中相应的 Power Pivot 选项即可完成加载。

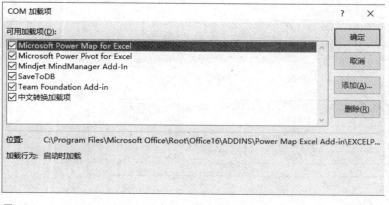

图 4.3.3

通过追加功能，可以将事实表合并到一张事实表中。

在事实表中创建新计算列 SMA4、SMA9，如图 4.3.4 所示。公式如下所示。

Symbol	Index	Date	close	Y...	M...	Q...	SMA 4	SMA 9	SMA 13	SMA 20	SMA 45
1 KHC	2	2015/7/7 0:00:00	74.63	2015	7	3	$73.80	73.80	73.80	73.80	73.80
2 300083	2	2014/8/26 0:00:00	4.55	2014	8	3	$4.56	4.56	4.56	4.56	4.56
3 300310	2	2014/8/26 0:00:00	6.17	2014	8	3	$6.34	6.34	6.34	6.34	6.34
4 965	2	2014/8/26 0:00:00	5.6	2014	8	3	$5.67	5.67	5.67	5.67	5.67
5 2594	2	2014/8/26 0:00:00	49.35	2014	8	3	$49.61	49.61	49.61	49.61	49.61
6 2101	2	2014/8/26 0:00:00	10.04	2014	8	3	$10.12	10.12	10.12	10.12	10.12
7 AAPL	2	2014/8/26 0:00:00	100.89	2014	8	3	$101.22	101.22	101.22	101.22	101.22
8 ASHR	2	2014/8/26 0:00:00	24.58	2014	8	3	$24.65	24.65	24.65	24.65	24.65

图 4.3.4

提示：此处所取的价格为当日股票收盘价格，也就是假设所有的交易都是以收盘价格达成的。

```
SMA4=AVERAGEX (
    FILTER (
        EVERYTHING,
        EARLIER ( EVERYTHING[Symbol] ) = EVERYTHING[Symbol]
            && EARLIER ( EVERYTHING[Index] ) -
3 <= EVERYTHING[Index]
            && EVERYTHING[Index] <= EARLIER ( EVERYTHING[Index] )
    ),
    EVERYTHING[close]
)
```

以下的公式为信号值，当 SMA4 − SMA 9 =1 时，表示 4 日均线大于 9 日均线，相反，则表示负信号出现。

```
4-9=if(EVERYTHING[SMA 4]-EVERYTHING[SMA 9]>0,1,0)
```

将均线和信号放入 Excel 表格中，可见每日的平均价格与信号的变动，如图 4.3.5 所示。

D	E	F	G	H	I	J	K	L	M	N	O	P	Q
SMA 4	SMA 9	SMA 13	SMA 20	SMA 45	SMA 65	SMA 100	SMA 200	4_9	9_13	20_45	45_65	100	200
101.065	100.26444	101.90	104.23	105.7602222	$107.14	108.335	103.5079	1	0	0	0	0	0
	100.12	99.565556	100.97	103.4955	105.5477778	$106.88	108.2123	103.53045	1	0	0	0	0	0
100.505	99.612222	100.66	103.166	105.5051111	$106.67	108.1416	103.57445	1	0	0	0	0	0
100.6275	100.03778	100.60	102.8095	105.468	$106.47	108.0801	103.62235	1	0	0	0	0	0
101.0475	101.00111	100.51	102.7085	105.3788889	$106.28	108.0125	103.6874	1	0	0	0	0	0
102.765	101.41333	100.55	102.5425	105.3422222	$106.14	107.9786	103.77285	1	1	0	0	0	1
103.1825	101.68222	100.71	102.293	105.2853333	$106.01	107.9382	103.82195	1	1	0	0	0	0
103.3675	101.95	101.06	101.979	105.1806667	$105.89	107.8904	103.8886	1	1	0	0	0	0
103.18	102.00333	101.67	101.609	105.0546667	$105.73	107.8422	103.9519	1	1	0	0	0	1
103.365	102.43556	102.01	101.558	104.9002222	$105.71	107.8325	104.0206	1	1	0	0	0	1
103.33222	102.34	101.6825	104.7586667	$105.71	107.8157	104.1049	1	1	0	0	0	1
104.64	103.78778	102.78	101.79	104.682	$105.65	107.8013	104.18695	1	1	0	0	0	1
106.055	104.41556	103.25	101.991	104.7006667	$105.65	107.7944	104.26385	1	1	0	0	0	1
106.2225	104.73556	103.60	102.1995	104.6726667	$105.57	107.7552	104.33035	1	1	0	0	0	1
106.555	105.00667	104.32	102.6235	104.7113333	$105.51	107.7197	104.41275	1	1	0	0	0	1
106.575	105.29556	104.65	103.227	104.6873333	$105.48	107.6615	104.4899	1	1	0	0	0	1
106.44	105.78111	105.04	103.5575	104.6624444	$105.45	107.6137	104.56135	1	1	0	0	0	1
106.29	106.11778	105.21	103.7525	104.6726667	$105.38	107.5412	104.62745	1	1	0	0	0	1
105.3475	105.88778	105.11	103.88	104.7	$105.30	107.4535	104.67425	0	0	0	0	0	1
105.3925	105.99889	105.33	104.1205	104.7726667	$105.37	107.4324	104.74075	0	0	0	0	0	1
104.7075	105.81111	105.45	104.286	104.8029589	$105.31	107.3893	104.79205	0	0	0	0	0	1
104.1325	105.26333	105.51	104.555	104.7208589	$105.24	107.335	104.8256	0	0	0	0	0	1

图 4.3.5

接下来为分析报表添加筛选器，并且添加功能按钮，触发回测，如图 4.3.6 所示。

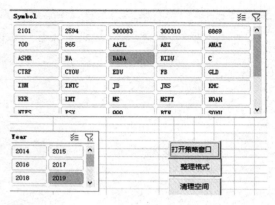

图 4.3.6

下一步，也是最为关键的一步：量化分析。通过 VBA 功能，用户能简单地开发出一个分析界面，选取一只股票，单击所选交易策略，单击"运行"按钮。图 4.3.7 给出了某个交易策略对于股票的回报率。

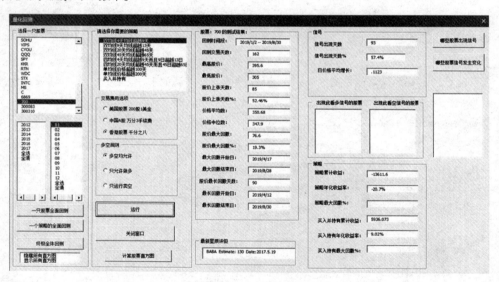

图 4.3.7

其实此交易逻辑是通过股票仓位、现金、股票价值等几个变量之间的关系得出的。例如，当策略出现买入信号时，回测应用会模拟全仓买进，股票仓位数量为（现金–佣金）/收盘价位；当买入信号消失时，回测应用则卖出全部股票，股票仓位为 0，现金为股票卖出数量×收盘价格–佣金+现金（之前不足买入一股的现金）。如此这般，在选定的时间区间内持续地按信号执行回测操作，直至得出最终的累积金额，最后转化为年化回报率。图 4.3.8 为模拟交易的过程。

股票仓位	现金	股票价值	佣金	组合总价值
325	¥355.00	¥99,645.00	¥1.63	¥99,998.38
325	¥355.00	¥99,125.00	¥0.00	¥99,480.00
0	¥101,300.00	¥0.00	¥0.00	¥101,300.00
-319	¥202,614.40	¥-101,314.40	¥1.60	¥101,298.41
0	¥101,938.00	¥0.00	¥0.00	¥101,938.00

图 4.3.8

因为篇幅的缘故，这里不一一展示此回测应用的所有功能，单击图 4.3.7 中的"终极全体回测"按钮，通过一系列的 VBA 程序，最终在 Excel 表单中显示以 X 轴为策略、Y 轴为股票代码的回报率矩阵，带底色的方格为每只股票的最优策略的回报率，最下方列出了策略的名称，如图 4.3.9 所示。

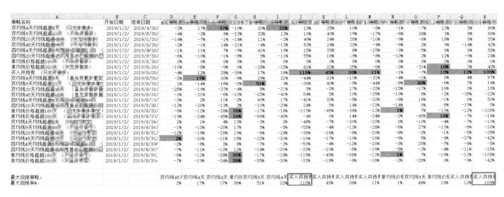

图 4.3.9

从价格波动的角度，我们希望对股票进行排名，其中排名方式有 4 种。

首先计算"价格变化%"字段，公式为：（今日收盘价–上个交易日收盘价）/今日收盘价。

为此，添加计算列：

> 上个交易日收盘价
> =AVERAGEX(FILTER(EVERYTHING,EARLIER(EVERYTHING[Symbol])=EVERYTHING[Symbol]&&EVERYTHING[Index]=EARLIER(EVERYTHING[Index])-1),EVERYTHING[close])
> 价格变化%=DIVIDE(EVERYTHING[close]-EVERYTHING[PreviousDayClosed],EVERYTHING[PreviousDayClosed],BLANK())
> 绝对价格变化%=ABS([DailyChange%])

创建度量：

日均价格变化%=AVERAGE([日价格变化%])

最大单日变化%=MAX([日价格变化%])

最小单日变化%=MIN([日价格变化%])

绝对值日均变化%=AVERAGE([绝对值价格变化%])

下一步是创建动态排名，用户可选择以上 4 种度量之一作为排序依据。首先创建两张内表作为参数表，如图 4.3.10 所示，将其导入模型中。

排序依据	ID	显示排名	排序
日均变化%	1	5	升序
绝对日均值变化%	2	10	降序
最大单日变化%	3	15	
最小单日变化%	4	20	
		50	

图 4.3.10

然后使用 Switch 语句创建"方式"，将排序度量与用户所选排序 ID 一一对应。

所选排序 ID:=MIN('排序依据'[ID])
方式:=SWITCH([所选排序 ID],1,[日均价格变化%],2,[绝对值日均变化%],3,[最大变化%],4,[最小变化%])

接下来添加一组度量，可以实现升序与降序功能。

升序排名:=IF(HASONEVALUE(EVERYTHING[Symbol]),RANKX(SUMMARIZE(ALLSELECTED('EVERYTHING') ,EVERYTHING[Symbol]),[方式], ,0, SKIP))

降序排名:=IF(HASONEVALUE(EVERYTHING[Symbol]),RANKX(SUMMARIZE(ALLSELECTED('EVERYTHING') ,EVERYTHING[Symbol]),[方式], ,1, SKIP))

排名:=if(HASONEVALUE(OrderBy[排序]) ,if(values(OrderBy[排序])="升序",'排序依据'[升序排名],'排序依据'[降序排名]),'排序依据'[降序排名])

创建新 Excel 表单，参照图 4.3.11 插入透视表与筛选器。

图 4.3.11

最后，为分析结果添加一个排名限制。创建以下一组度量，将对所选排名数量与真实排名做判断，返回 1 或 0。将"是否显示排名"添加至透视表中，将"所选排名行数"添加至筛选器中，如图 4.3.12 所示。

```
所选排名行数:=MIN([显示排名])
是否显示排名:=if([排名]<=[所选排名行数],1,0)
```

图 4.3.12

接着通过 Excel 中的筛选功能控制显示内容，参照图 4.3.13 单击"行标签"旁的按钮，在下拉菜单中选择"值筛选→等于"命令，在弹出的对话框中选择度量"是否显示排名"，输入值"1"，单击"确定"按钮完成。

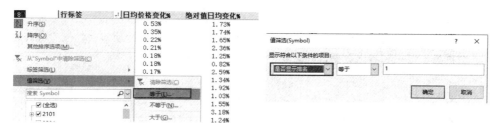

图 4.3.13

隐藏"是否显示排名"列，尝试单击排名行数，显示行数随之变化，如图 4.3.14 所示。

行标签	日均价格变化%	绝对值日均变化%	最大变化%	最小变化%	排名
700	0.53%	1.73%	100.00%	-4.46%	1
EDU	0.35%	1.74%	8.41%	-7.42%	2
AMAT	0.22%	1.65%	9.28%	-6.15%	3
WDC	0.21%	2.36%	8.90%	-7.32%	4
AAPL	0.18%	1.25%	6.40%	-11.06%	5
LMT	0.18%	0.82%	5.36%	-2.58%	6
300083	0.17%	2.59%	9.22%	-8.54%	7
FB	0.17%	1.34%	9.76%	-8.11%	8
JD	0.16%	1.92%	11.42%	-7.29%	9
MSFT	0.16%	1.03%	4.44%	-3.82%	10
总计	0.23%	1.64%	100.00%	-11.06%	

排名行数：5 / 10 / 15 / 20 / 50

图 4.3.14

> 提示：现在 BI 工具已经在事务型处理能力上进行了强化，事务处理与分析处理也不是泾渭分明。在以上示例中，VBA 负责事务型功能处理、Power Pivot 负责分析型功能处理。Excel 是作为二者共同的载体对功能进行了集成。

特别声明：以上操作纯属演示，不构成任何交易购买建议。

第 5 章 Power BI 企业级应用

5.1 Power BI 的企业架构总览

什么是 Power BI 的企业架构？

当我们用工作邮箱注册了 Power BI 账户后，就得到了默认的 Power BI Free 许可。该许可允许用户发布内容至"我的工作区"中，并实现图 5.1.1 所示的功能，如创建报表、工作簿、数据集、警报和导出数据，同时支持在手机端浏览内容。

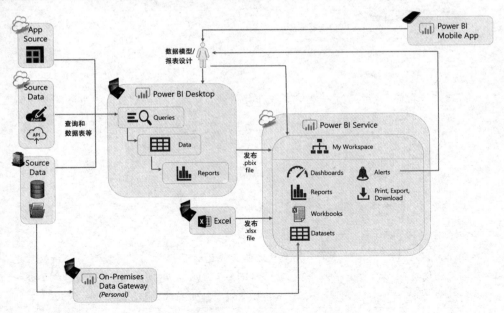

图 5.1.1

5.2 企业场景中的数据连接模式

在个人自助分析场景中,用户可以直接将数据导入 Power BI 中。在企业场景中,用户使用的数据连接模式有导入(Import)、直连(DirectQuery)、实时连接(Live Connection)及混合(Dual Mode)。混合模式是一种比较特殊的连接模式,后文会有介绍。本节介绍导入、直连与实时连接模式的特点。

在 Power BI 中使用数据库获取数据时,有两种数据连接模式:导入和直连,见图 5.2.1。

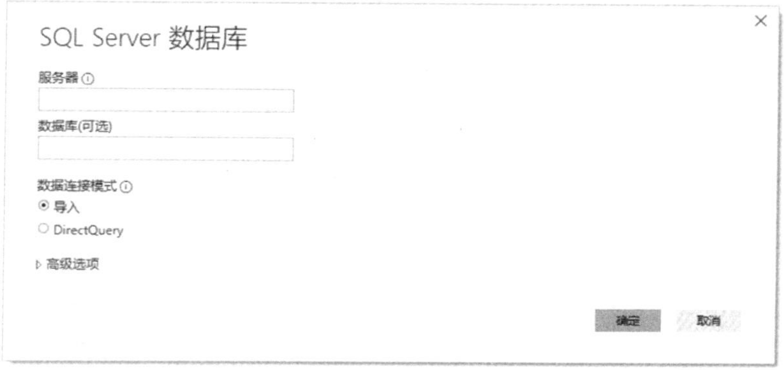

图 5.2.1

另外,在使用 SQL Server Analysis Services 数据库时还会一种实时连接模式,见图 5.2.2。

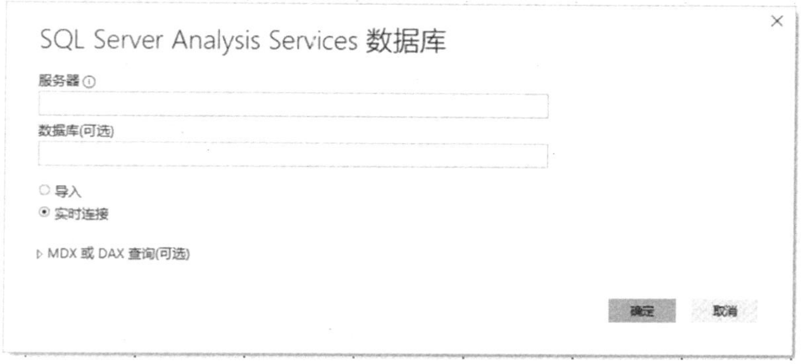

图 5.2.2

5.2.1 导入模式

在导入模式下,Power BI 会将所选数据库中的数据直接导入模型中,并以静态模式存储,通过刷新更新数据内容。在导入模式下,得益于内置的 VertiPaq 引擎对数据的高度压缩,Pbix 文件会比源文件更小,通常压缩比为 1:10。但压缩比与数据集有关,数据集基数越高,压缩比越低，反之亦然。导入模式中的度量运算是所有数据连接模式中运算性能最优的，其运算性能取决于本地电脑的内存配置，发布后取决于 Power BI Service 的内存性能。导入是最为普及的数据连接模式，其主要优点有：

- 可以使用所有的 DAX 功能和所有的编辑查询功能，而且可以导入多个数据源。
- 支持导入多种数据源，数据可以一部分来自 SQL Server，一部分来自 Excel。
- 在具有足够硬盘和内存空间支持的情况下，数据查询效率最高。

小技巧：有时在使用 Power BI 的导入模式时，会发现笔记本电脑的风扇会快速转动，这是内存资源被过度消耗所致。如果有条件，则建议在不影响企业生产运维的前提下，直接在大内存的服务器中开发及导入模型，这样工作效率会大幅度提升，图 5.2.3 所示为大内存服务器信息。

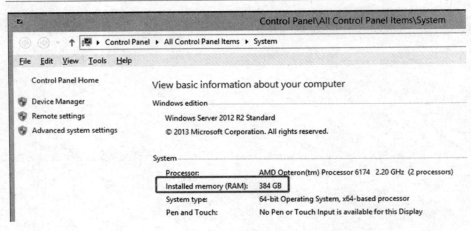

图 5.2.3

5.2.2 直连模式

在直连模式下，Pbix 文件中仅保留少量的数据表元信息，绝大部分数据会全部被存储在数据源端，Power BI 则被作为一个前端可视化工具使用。每当产生新查询时，前端先向后端服务器发送新请求，等候返回查询结果。因此，查询消耗的是后端服务器的计算资源。

图 5.2.4 为在直连模式下的 Power BI Desktop 视图，注意，其中只有报表和模型视图，而缺少数据视图。

图 5.2.4

传统的直连模式仅支持连接单个数据源，例如，在已经直连 SQL Server 数据源的情况下，无法再添加新的 Excel 数据源。但 Power BI 中的新功能——混合模式已经打破了此限制。

相比导入模式，直连模式的速度较慢。仅在以下场景中建议使用直连模式。

- 突破硬件空间与内存空间的限制：当查询数据量级过于庞大，超出了硬件空间或内存空间的上限时，建议使用直连模式。
- 突破刷新次数的限制：在导入模式下，Power BI Service 的最快刷新次数为 8 次/天（Power BI Premium 为 48 次/天）。而直连模式可以满足实时刷新或者接近实时刷新的要求。
- 实现数据主权控制：数据主权是指对数据控制的权利。在导入模式中，数据被存储于云中，某些企业要求模型中的数据存储于本地环境中，而直连模式符合该要求。

提示：在写作本书之时，除 SQL Server、Azure SQL、Azure HDInsight 这些微软的数据库外，Power BI 也对以下数据库提供直连模式：
- Amazon Redshift
- Google BigQuery（Beta）
- IBM Netezza（Beta）
- Impala
- Oracle Database（Versions 12 及以上版本）
- SAP Business Warehouse（Beta）
- SAP HANA
- Snowflake
- Spark（Beta）（Versions 0.9 及以上版本）
- Teradata Database
- Vertica

5.2.3 实时连接模式

实时连接模式是一种特殊的直连模式，仅在连接 SQL Server Analysis Services（SSAS）类型的文件时可用，实时连接模式具有以下特点：

- 无法定义关系，所有的关系都必须在后端模型中定义。
- 无法使用编辑查询功能。
- 无法查看或改变模型中的度量和关系，但允许创建新度量。

图 5.2.5 为实时连接模式下的 Power BI 的视图选项，这里仅保留了"报表"视图，"数据"视图及其功能都被禁用了。这意味着模型的开发与管理都集中在后端 SSAS 中，而前端用户的权限相应地被弱化了。尽管如此，实时连接模式仍然支持前端用户创建个人级别的新度量。实时连接模式适用于中心化数据模型的应用解决方案。

图 5.2.5

表 5.2.1 更加全面地比较了 3 种数据连接模式的特点。从使用的广泛程度（从高至低）而言，3 种数据连接模式的排列顺序依次是导入、直连、实时连接。从对数据主权的控制（从高至低）而言，3 种数据连接模式的排列顺序正好相反。用户需要了解不同数据连接模式的特点，使用最适合分析场景的连接方式。

表 5.2.1

功能类别	导入	直连	实时连接
数据集上限	Power BI Pro 为 1GB	取决于数据库	取决于 SSAS
数据源数量	多个	1 个	1 个
运算性能	快	慢	快
数据清洗	可实现全部功能	可用，功能受限制	不可用
数据建模	可实现全部功能	部分 DAX 函数无法使用	不可更改，可建立新度量
行级安全	可以通过 RLS 对当前用户限制	RLS 在 Power BI Desktop 中实现	在服务器后端设置 RLS

5.3 优化数据连接设计：混合模式

前面介绍了各种数据连接模式的优点及缺点，而混合模式是一种为了优化数据连接模式的新的解决方案，用于提高直连模式中模型的性能。其原理是在模型中使用直连与导入并存的连接模式，根据不同的分析场景，使用最优化的连接模式。读者也可以将直连中的导入表简单地理解为一种物化视图（Materialized View）。下面示例中的数据库来自微软的 AdventureWorks，数据源类型为 SQL Server。

5.3.1 在直连模式下启用导入选项

在 Power BI 的"获取数据"命令中选择"SQL Server 数据库"命令。在打开的对话框中填写服务器与数据库的名称，将数据连接模式设为"DirectQuery"（直连），如图 5.3.1 所示。然后单击"确定"按钮。

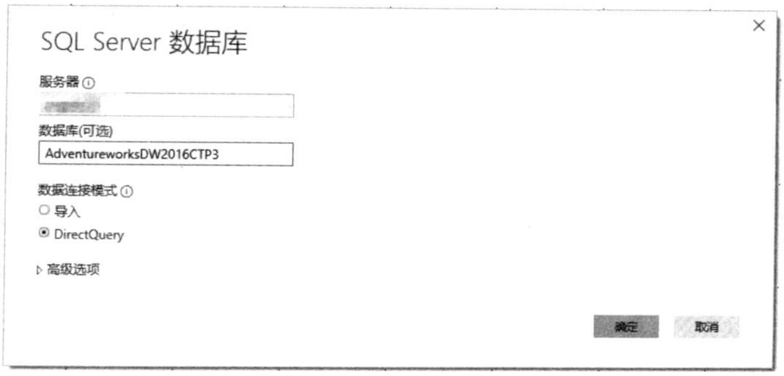

图 5.3.1

在图 5.3.2 所示的对话框中仅选中一张事实表"FactInternetSales"和两张维度表"DimDate""DimProduct"，单击"转换数据"按钮进入编辑查询界面中。

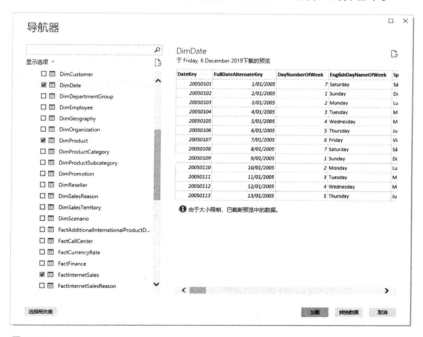

图 5.3.2

此时，复制事实表"FactInternetSales"并命名为"销售聚合"。单击"分组依据"命令，在打开的对话框中选择"高级"单选框，参照图 5.3.3 设置分组依据，单击"确定"按钮完成。

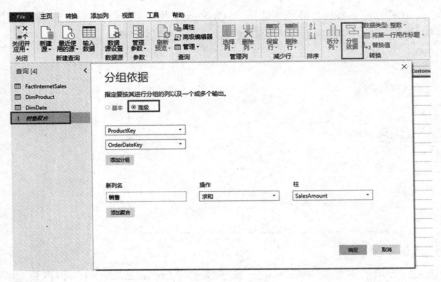

图 5.3.3

分组完成后，得到图 5.3.4 所示的按给出字段聚合的结果。

	ProductKey	OrderDateKey	销售
1	562	20130802	4768.14
2	382	20131226	2240.98
3	372	20131108	2443.35
4	355	20131202	4639.98
5	377	20120420	2181.5625

图 5.3.4

回到模型视图中，参照图 5.3.5 设置事实表与维度表的关联。

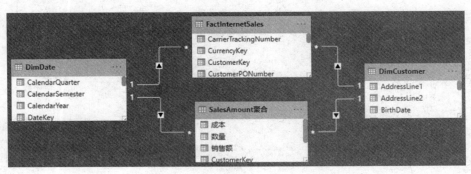

图 5.3.5

选中聚合表，将"SalesAmount"字段聚合，将属性栏下的"存储模式"改为"导入"。单击"确定"按钮完成设置。注意，此操作作为不可逆操作，目的是进一步优化聚合性能。

从用户的角度而言，这张聚合表应为不可见，因为用户只需要聚合计算，而不需要知道聚合表的存在。这里将聚合表隐藏，再右击表，在弹出的快捷菜单中单击"管理聚合"命令。

在弹出的"管理聚合"对话框中，可以设置具体的聚合方式。此处还是以对销售额的求和为例进行介绍，如图 5.3.6 所示。每当分析查询该销售额度量时，模型将直接返回导入表中的聚合销售额，从而避免了直连查询的时间花费，提升了查询的效率。

图 5.3.6

5.3.2　启用维度表的双模式开关

此时维度表"DimDate""DimCustomer"同时与事实表"FactInternetSales"和导入表"SalesAmount 聚合"相连。要真正启用导入表的聚合功能，则必须同时打开维度表中的双模式开关，即实现对等规则（见图 5.3.7）。

Power BI 双模式对等规则

实时表	维度表
导入	导入
直连	直连

图 5.3.7

选中相关的维度表，在属性栏的"存储模式"下选择"双"，单击"确认"按钮完成，如图 5.3.8 所示。

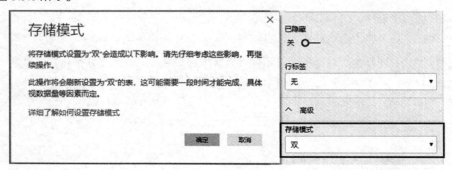

图 5.3.8

图 5.3.9 显示了启用双模式后，各表连接模式的变化。当分析查询到导入表（物化视图）时，相应的维度表也自动切换为导入模式。

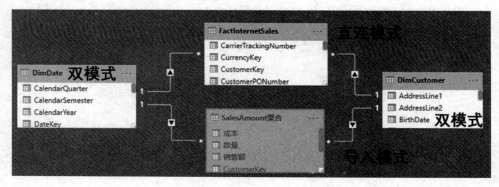

图 5.3.9

小结：新版 Power BI 突破了过去只有直连模式的单一数据连接模式，引入了双模式，这在很大程度上弥补了直连模式在性能上的短板。但需要注意的一点是，聚合表的数据类型需要与事实表的数据类型保持一致，否则会出现字段选项无效聚合的问题。

5.4 Power BI Service 中的数据整理：数据流

5.4.1 数据流介绍

数据流（Dataflow）是 Power BI 于 2019 年年初引入的新功能。用户可简单地将其理解为 Power Query 在线高级版。在本地整理的数据结果被存放在单个 Power BI 文件中，而通过数据流整理的数据结果直接被存放在 Power BI Service 中，凡是有访问权限的用户均可以将整理后的数据结果导入各自的 Power BI 模型中，实现数据的重用。所以，数据流的优势在于提供中心化的数据整理平台及高级的应用功能。

另外，数据流结合通用数据模型（Common Data Service，CDS）服务，可以将数据实体映射为数据模型中的标准实体，修改和扩展现有实体及创建自定义实体，使数据管理更加效率化和规范化。而 CDS 也可作为数据源，为 Power BI 模型提供统一、完整、权威、高质量的数据实体。比如，不同业务部门因为各自业务不同的需求，都需要访问 Account 元数据表中的数据。数据流可以将这部分数据进行整理，供 Power BI 用户直接使用。

另外，数据流中的数据作为实体被存储在 Azure Data Lake Storage Gen2 中，天然有机地与 Azure 云环境深度结合，为大数据处理奠定了坚实的基础设施环境，也可以与 Azure 云服务自动结合，让非 IT 专业人士在 Power BI Service 中实现大数据分析。图 5.4.1 为微软的数据流为 Power BI 提供数据服务的示意图。

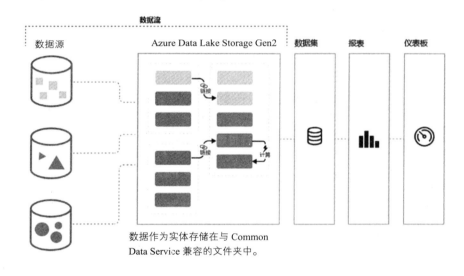

图 5.4.1

5.4.2 创建数据流

前文演示了订制日期表的模型设计，接下来演示如何将订制日期表"搬"到云上。

> **提示**：以前仅 Power BI Premium 许可支持数据流功能。现在，Power BI Pro 许可已经支持数据流功能，只要为 Power BI Pro 许可用户，便可体验数据流功能。数据流消耗的是 Power BI Service 中的算力，并非多多益善。

登录 Power BI Online 后，在"我的工作区"或者特定工作区的菜单中单击"创建"按钮，在弹出的菜单中选择"数据流"命令，见图 5.4.2。

图 5.4.2

在打开的对话框中的"定义新实体"选项下单击"添加新实体"按钮，添加数据源，见图 5.4.3。此处的实体为数据模型用语，相当于数据集。

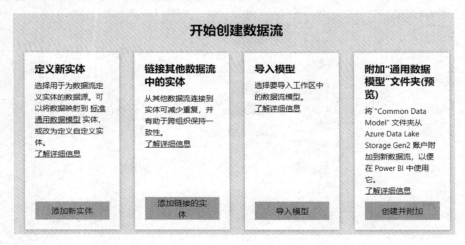

图 5.4.3

此时弹出"选择数据源"对话框，其中的内容与 Power BI Desktop 中的获取数据界面相同。在此选择"文本/CSV"类型文件，见图 5.4.4。

输入文件路径后，再设置网关和登录认证信息，见图 5.4.5。

图 5.4.4

图 5.4.5

单击"下一步"按钮,这时界面会报错,见图 5.4.6。原因是此时的连接目标在 Power BI 云端,因此目标数据无法识别云端上的路径"C:"为何处。正确的输入方法应为输入该文件所在的服务器的绝对路径。

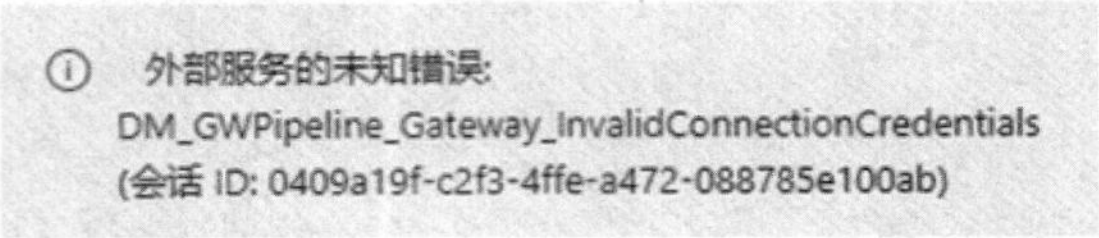

> 外部服务的未知错误:
> DM_GWPipeline_Gateway_InvalidConnectionCredentials
> (会话 ID: 0409a19f-c2f3-4ffe-a472-088785e100ab)

图 5.4.6

正确的连接设置见图 5.4.7，文件路径以"\\"开头。单击"确定"按钮继续。

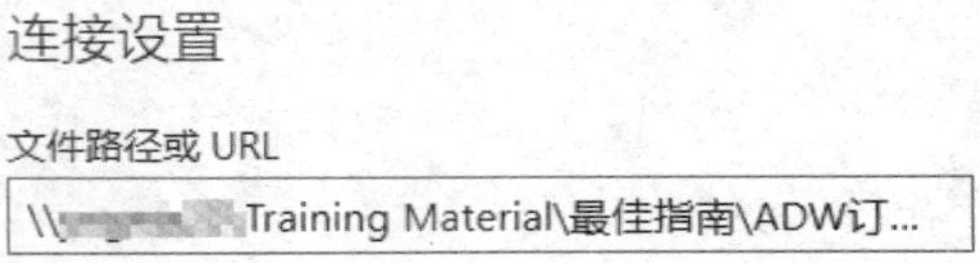

连接设置

文件路径或 URL

\\▇▇▇▇\Training Material\最佳指南\ADW订...

图 5.4.7

随即进入在线版本的"编辑查询"对话框，单击"添加列"按钮，见图 5.4.8，但这里并没有添加自定义项的功能。解决的方法是在"查询"选项上右击，在弹出的快捷菜单中选择"高级编辑器"命令，直接通过 M 公式添加"段中日期"字段。

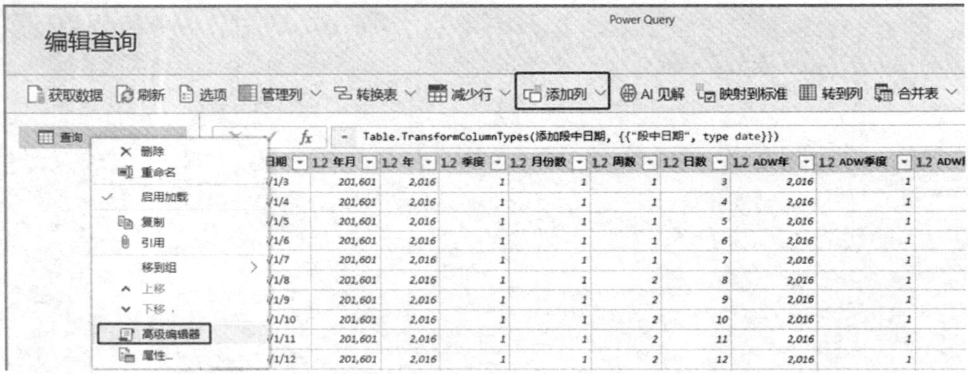

图 5.4.8

在"高级编辑器"对话框中添加以下代码，这段代码来自前文介绍的订制日期表文件，只需要将其复制并粘贴到 Power BI Service 中，稍微修改变量名称即可：

```
    添加段中日期 = Table.AddColumn(已更改列类型, "段中日期", each
Date.AddDays([段初日期],14)),
    已更改列类型2 = Table.TransformColumnTypes(添加段中日期, {{"段中日期",
type date}})
```

参照前文，通过"引用"功能创建中间日期表，保留"ADW 年段"和"段中日期"这两个字段并去重，单击"保存并关闭"按钮，如图 5.4.9 所示。

在"保存数据流"对话框中定义"名称"，单击"保存"按钮，如图 5.4.10 所示。

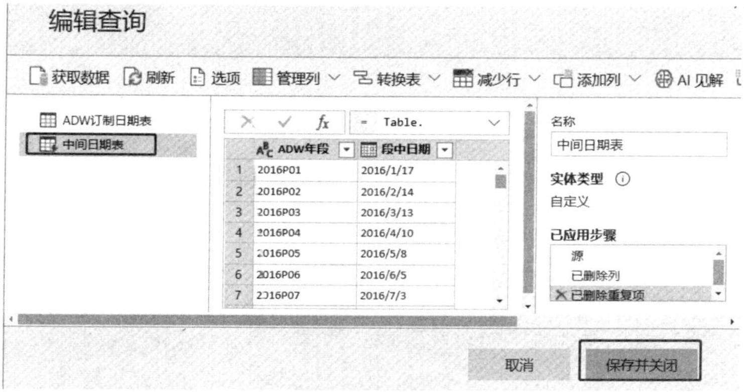

图 5.4.9

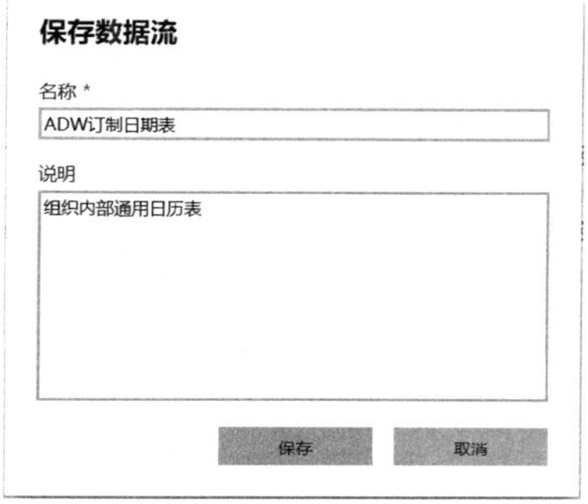

图 5.4.10

最终的结果见图 5.4.11。

图 5.4.11

5.4.3 获取数据流

打开新的 Power BI 文件，单击"获取数据→Power BI 数据流"命令，见图 5.4.12。

图 5.4.12

在图 5.4.13 中，选择工作区文件夹下对应的数据集，导入相应的表格，并与 Power BI Desktop 中的模型进行结合。

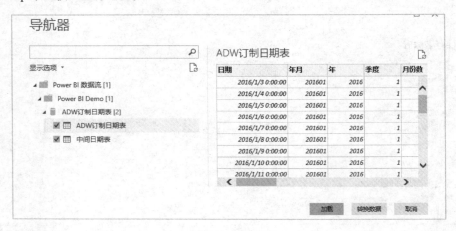

图 5.4.13

5.4.4 更新数据流

当前 ADW 订制日期表中包含了 2016—2011 年的数据，要为数据集增加 2011 年以后的数据，可以直接更改已有的数据流。

回到数据流界面，在图 5.4.14 中单击"编辑数据流"按钮。

图 5.4.14

在"编辑查询"对话框中单击"获取数据"命令。在弹出的对话框中选择"文本/CSV"文件类型，参照图 5.4.15 创建数据流步骤，导入新日期表。

成功导入后，在图 5.4.16 中选中"ADW 订制日期表 2021-2025"，再单击"合并集→追加查询"命令。

图 5.4.15

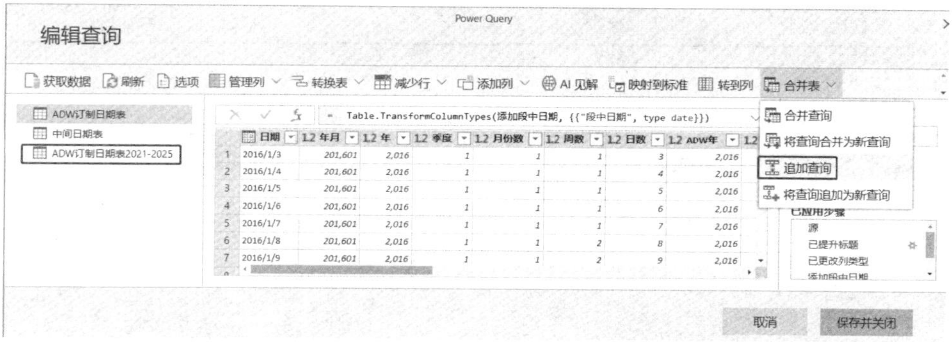

图 5.4.16

在"追加"对话框内,选择需要的新日期表,单击"确定"按钮,数据集更新完成,见图 5.4.17。

图 5.4.17

小结：以往这类数据整理工作需要由 IT 部门完成。现在通过数据流，个人也可以独立完成数据整理工作了。尽管数据流的功能非常强大，但至少在目前阶段，不应将数据流等同于数据仓库。经过数十年的发展，后者已经成为普遍适用、公认成熟的技术，而数据流的存在在于弥补自助式分析与数据仓库之间的空白。

5.5 优化数据集刷新：Power BI Service 的增量刷新

Power BI 默认为全量刷新，即当有 1%的数据发生变动时，也需要刷新 100%的数据，这种方法仅适合轻量级的数据应用。当数据集中拥有上百万行的数据时，全量刷新的方式相当耗费资源，而增量刷新支持只刷新最近发生变动的数据。图 5.5.1 对比了全量刷新与增量刷新的主要差别。

刷新对比	全量刷新	增量刷新
刷新形式	每次刷新全部数据	每次仅刷新指定数据
刷新时间	刷新时间周期长	刷新时间周期短
消耗资源	多	少
设置难度	默认设置，简单	高级设置，进阶

图 5.5.1

与数据流类似，目前 Power BI Pro 也支持增量刷新功能。在旧版本的 Power BI Desktop 中，需通过单击"File→选项与设置→选项"命令，在打开的"选项"对话框中才可以开启该功能，见图 5.5.2。下面通过示例具体介绍。

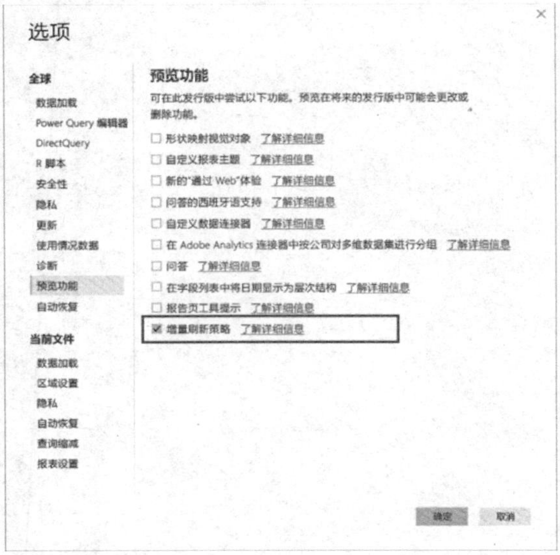

图 5.5.2

单击"编辑查询→管理参数→新建参数"命令,在打开的对话框中添加名称为"RangeStart"和"RangeEnd"的参数,分别代表筛选时的开始日期与终止日期。分别设置"RangeStart"和"RangeEnd"为"2010/1/1"和"2014/1/31",单击"确定"按钮完成。发布后,Power BI Service 会自动替代参数值,无须在 Power BI Service 的数据集设置中重复设置。

找到 FactResellerSales 表中的"OrderDate"字段,在其对应的下拉菜单中单击"自定义筛选器"按钮,见图 5.5.3。

图 5.5.3

下面为"OrderDate"字段配置参数,如图 5.5.4 所示。

图 5.5.4

在 Power BI Desktop 的数据视图下，在相关表上右击，在弹出的快捷菜单中选择"增量刷新"命令，见图 5.5.5。

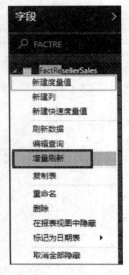

图 5.5.5

参照图 5.5.6，打开"增量刷新"开关。Power BI 的数据集将存储 10 个完整日历年的数据及当年至今的数据，并以增量的方式刷新 7 天的数据。

值得注意的是，在第一次进行增量刷新时，Power BI 需要加载历史数据，即进行全量刷新，这将花费较长时间，随后的增量刷新用时将减少。如果设置增量刷新每天运行，则在刷新时 Power BI 会执行以下操作：

- 添加新的一天的数据。
- 刷新截至当前日期之前的 7 天的数据。
- 删除比当前日期早 10 年的日历年的数据。
- 检测数据更改：如果上一次刷新后数据没有发生更改，则无须刷新。这可能意味着实施增量刷新的间隔从 7 天减少到 1 天。
- 仅刷新完成周期：假设刷新发生在 2 月 1 日 22:00，选择此选项将只刷新 2 月 1 日前的数据。

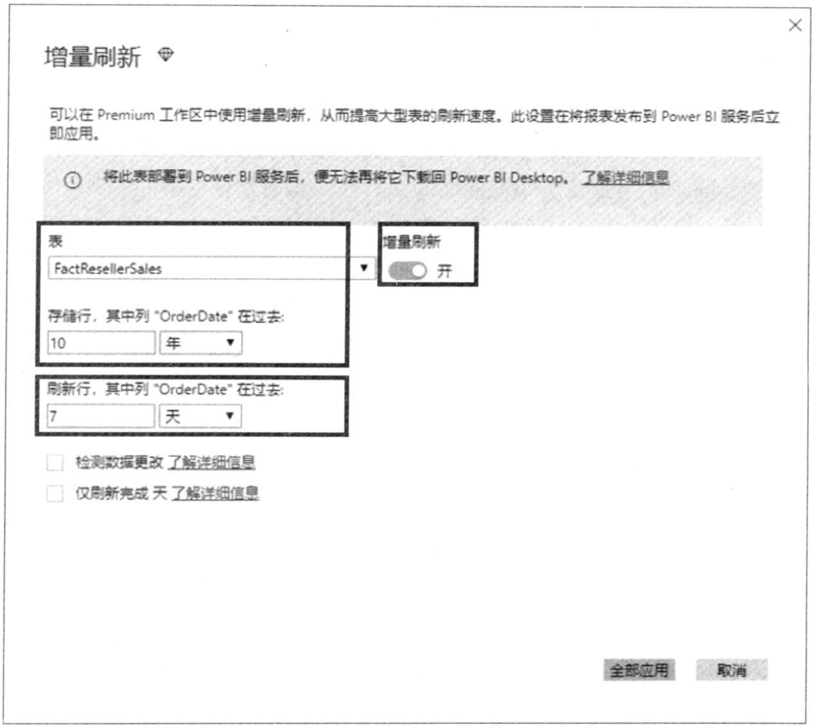

图 5.5.6

小结：自 2020 年 2 月起，Power BI Pro 许可支持增量刷新，Power BI Pro 许可用户也能通过自助的方式设置刷新数据。由于企业中的数据量巨大，增量刷新方式能极大地优化系统的性能。

5.6　Power BI Premium 介绍

5.6.1　什么是 Power BI Premium

前文已经介绍过 Power BI Service 与 Power BI Premium 的一部分知识了，本节继续深入介绍 Power BI Premium。Power BI Premium 是 Power BI Service 的最高级别。Power BI Desktop 的功能是报表开发，面向所有用户。Power BI Premium 的功能是内容分享，面向企业中的所有用户。

用户在购买 Power BI Pro 许可后（零售价为 9.99 美元/月），便可在 Power BI Service 平台中分享内容，其所使用的资源来自微软公有云，即"共有算力"（用户需要和所有 Power BI Pro 许可用户共同分享算力）。假设在一家企业中，有 1000 名用户需要访问 Power BI

Service，而其中只有 1 人负责分享报表内容，其余 999 人均只访问内容。在没有 Power BI Premium 的条件下，企业需要购买 1000 份 Power BI Pro 许可，每月支付 9.99×100 = 999 美元用以满足访问报表的需求。

近年来，随着企业用户对 Power BI 需求的增加，单纯地购买 Power BI Pro 许可模式已不能满足大规模用户群的需求。而企业急切需要面向大型用户群、经济实惠、物理环境专用且性能强大的 Power BI Service 解决方案。于是微软推出了 Power BI Premium。Power BI Premium 在本质上仅是一台封装了各种高级分享能力、提供 SaaS 服务的 Analysis Services 数据库。Power BI Premium 服务其实就是微软（房东）将 Power BI Premium（房子）按需租赁给企业（房客）的一种商业模式。从安全设计上看，房客独享租赁房子的使用权，不与他人分享。因此 Power BI Premium 具有"专有能力"。

图 5.6.1 为 Power BI Premium 服务中的 3 种节点能力：P1、P2、P3。P 代表 Power BI Premium，假设数字代表房子的面积，数字越大，房租越高，每个级别节点的 CPU 内核数和内存数都是前一级别节点的两倍。一个高节点可被拆分为两个低节点使用。如一个 P2 节点可被拆分为两个 P1 节点，两个 P 节点 1 又可以组合为一个 P2 节点。入门级别的 P1 节点收费是 5000 美元/月，相当于购买 500 个 Power BI Pro 许可一个月的费用。对于大致需要 500 个 Power BI Pro 许可规模的企业，购买 Power BI Premium 许可更划算。

容量节点	核	后端核	前端核
P1	8 v-cores	4核，25 GB RAM	4核
P2	16 v-cores	8核，50 GB RAM	8核
P3	32 v-cores	16核，100 GB RAM	16核

图 5.6.1

将账户升级为 Power BI Premium 后，所有用户自动拥有 Power BI Free 账户且可以浏览工作区中允许访问的内容。企业仅将 Power BI Pro 许可分配给内容分享者即可。再次引用前面的例子，由于仅需要 1 个用户发布与共享内容，其每月的费用降为：

9.99 美元（1 个 Power BI Pro 许可费用）+ 5000 美元（Power BI Premium 固定租赁费用）=5009.99 美元。

以上仅仅是费用的比较结果，Power BI Premium 无论是在性能上还是在大规模部署的人均成本上，都优于 Power BI Pro。在网上搜索关键字"Power BI Premium 计算器"，找到图 5.6.2 所示的计算器，即可自行估算 Power BI Premium 的每月运营费用。

图 5.6.2

5.6.2　Power BI Pro 与 Power BI Premium

有人质疑，为什么购买了 Power BI Premium 许可后，作为分享者还需要买 Power BI Pro 许可？

按照微软的定义，Power BI Premium 许可与 Power BI Pro 许可虽然都被称为许可，但不是同一类许可。Power BI Pro 是基于用户个体的许可，比如彼得是 Power BI Pro 用户。而 Power BI Premium 是基于环境的许可，比如彼得所在的 ADW 公司是 Power BI Premium 用户。这也解释了为什么购买 Power BI Premium 许可后，仍然需要购买 Power BI Pro 许可。与 Power BI Pro 相比，Power BI Premium 有以下的优势，如表 5.6.1 所示。

表 5.6.1

功　能	Power BI Pro	Power BI Premium
数据刷新次数	每日 8 次	每日 48 次
支持增量刷新	不支持	支持
单个数据集大小	1GB	3/6/10GB（P1/P2/P3）
数据空间	10GB	100TB（共享）
人工智能	基础	更多高级功能

对于在 Power BI Premium 环境中的 Power BI Pro 许可用户，其分别付了两笔费用：Power BI Premium 许可费用和 Power BI Pro 许可费用。因此，用户实际上在享用两个互为独立的"云能力"：Power BI Premium 专有能力与 Power BI Pro 共有能力。作为工作区的管理者，可以在这两种能力之间进行切换。单击相应工作区旁的"…"按钮，在"设置"对话框中的"高级版"页面中可以开/关 Power BI Premium 专用能力，见图 5.6.3。关闭该选项后，工作区则被转移至"共有能力"环境中。注意，有钻石图形标示的工作区代表使用了"专有能力"。

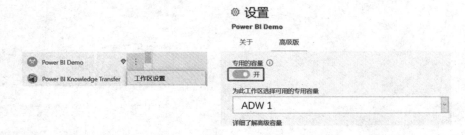

图 5.6.3

一些用户会存在理解误区：Power BI Premium 专有能力肯定比 Power BI Pro 共享能力强。事实上，当 Power BI Premium 中的负荷不断增加时，专有能力又变成了共有能力。"专有"一词仅仅对组织有意义，对个人无意义。公有云并不代表不安全，也不代表性能会很差。除了算力，报表性能还受到模型设计等因素的制约。

5.6.3　Power BI Premium 的限制

即使 Power BI Premium 的功能强大，也是有极限的。如果滥用资源，则 Power BI Premium 的性能也会逐渐下降，甚至比共有能力还差也是有可能的。图 5.6.4 为微软官方提供的 Power BI 专有能力细节列表。

此处解释一下列表中各字段的含义：

Capacity Nodes：节点名称。除了 P 型号，还有 EM 型号（低配版的 Power BI Premium）。A 型号代表 Azure。

The resources and limits of each Premium SKU (and equivalently sized A SKU) are described in the following table:

Capacity Nodes	Total v-cores	Backend v-cores	RAM (GB)	Frontend v-cores	DirectQuery/Live Connection (per sec)	Model Refresh Parallelism
EM1/A1	1	0.5	3	0.5	3.75	1
EM2/A2	2	1	5	1	7.5	2
EM3/A3	4	2	10	2	15	3
P1/A4	8	4	25	4	30	6
P2/A5	16	8	50	8	60	12
P3/A6	32	16	100	16	120	24
P4	64	32	200	32	240	48
P5	128	64	400	64	480	96

图 5.6.4

Total v-cores：虚拟核数。

Backend v-cores：后端虚拟核数，用于刷新与查询的资源。

RAM（GB）：内存。

Frontend v-cores：后端虚拟核数，用于前端可视化的资源。

DirectQuery/Live Connection（per sec）：每秒处理直连\实时查询的次数能力。

Model Refresh Parallelism：模型并发刷新个数，即同一时间可被刷新的数据集个数。2020 年 11 月，微软发布了 Power BI Premium GEN 2 功能预览，该功能移除了对同时刷新数据集的限制。这样做的好处是让 Power BI Premium 同时可以处理更多小型数据集。但这并不是说 Power BI Premium GEN 2 的 SKU 处理能力增强了，最终的算力仍然受到 CPU 的能力约束。截至本书出版前，Power BI Premium GEN 2 仍然是一个预览功能，建议读者持续关注该功能，并以其正式发布时的功能为准。

除此之外，Power BI Premium 对 Pbix 数据集文件的大小也有限制。通常而言，数据集的大小与其所消耗的资源是成正比的。Pbix 文件的压缩比约为 1:10，即一个 3GB 大小的 Pbix 的数据集大小可能为 30GB。

5.7 Power BI Embedded 介绍

5.7.1 什么是 Power BI Embedded

微软对 Power BI Embedded 的定位为：借助 Power BI Embedded，应用程序开发人员将令人震撼的完全交互式报表嵌入其应用程序中，而让用户无须从头生成自己的数据可视化效果和控件。Power BI Embedded 的受众人群是编写应用程序代码的开发人员和软件公司，也被称为独立软件供应商（ISV）。图 5.7.1 总结了 Power BI Embedded 的几大特性。

图 5.7.1

- **灵活的许可**：在 Power BI Embedded 环境下，仅需要一个主账户或服务主体发布内容，通过门户上独立的权限管理设置控制用户访问网站内容的权限，在此过程中访问用户甚至不需要拥有 Power BI 账户。
- **更大的规模和性能**：提供 Power BI Embedded A1～A6 版本的专有能力。
- **提供高级分析功能**：支持 Power BI Premium 中的大部分高级分析功能。
- **允许 ISV 在应用程序嵌入互动的报表和分析**：允许在第三方网页中嵌入完整的 Power BI 报表。用户登录网站后，可无缝交互式访问报表，极大地提升了用户体验。

本质上，Power BI Embedded 是通过 REST APIs 将 Power BI Service 中的内容嵌入第三方网页中，Power BI Embedded 是属于 Azure 云上的服务。

5.7.2　启用 Power BI Embedded 服务

在 Azure Portal 的应用组件中可以通过关键字搜索到 Power BI Embedded，并进行安装，见图 5.7.2。

图 5.7.2

安装成功后的 Power BI Embedded 实体会被映射到管理门户下的"Power BI Embedded"栏中，见图 5.7.3。

图 5.7.3

Power BI Embedded 能力分为 A1～A6 级别。A1 级别的费用最低，相当于每小时收费 1 美元。目前最高级别是 A6，与一个 Power BI Premium P3 的算力相当，但 Power BI Embedded 不支持拆分节点功能。另外，Power BI Embedded 的付费单位为小时，可"即开即用"。若用户仅在固定的某一时间段访问服务，甚至可以通过自动化脚本停止和开启服务，大大节约了运营成本。而 Power BI Premium 是按月付费的，换言之，Power BI Embedded 是"包钟点"收费，Power BI Premium 是"包月"收费。

5.7.3 部署嵌入式开发

启用了 Power BI Embedded 服务以后，下一步便是部署嵌入式开发。一共分成 3 个步骤。

步骤一：获取 API 接口服务使用权。登录 Power BI 官网，为服务主体或主账户申请 API 权限，见图 5.7.4。

步骤二：安全认证。ISV 通过代码，将从第三方网页发送获取访问请求并获取 Embed Token 和 Embed URL，见图 5.7.5。

步骤三：嵌入内容。将获取的 Embed URL 嵌入指定的第三方网页中。

注意，Power BI 的管理者在"管理门户"对话框的"开发人员设置"页面中打开相应的开关后，Power BI Embedded 才会接受第三方访问请求。

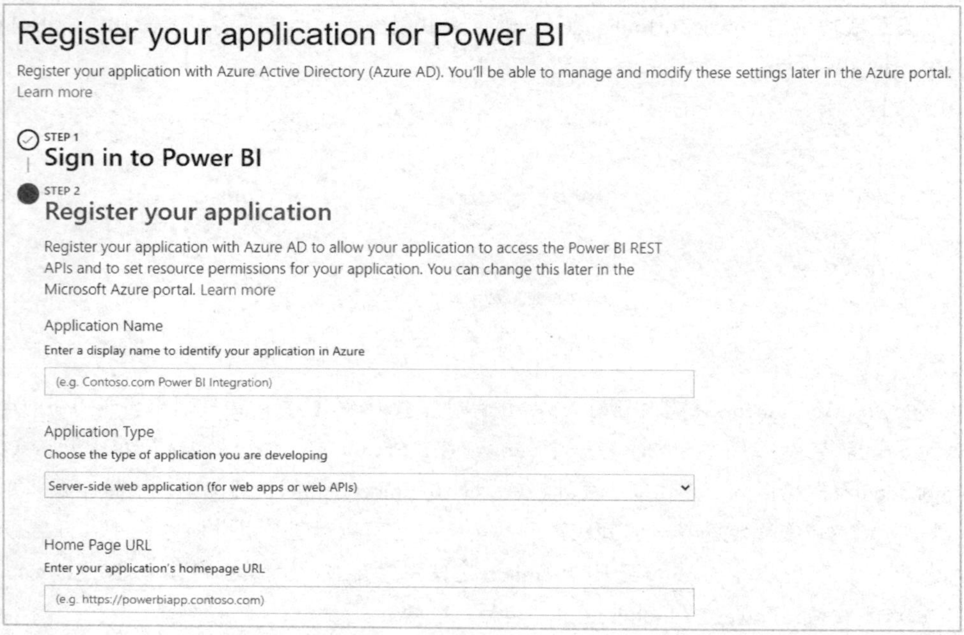

图 5.7.4

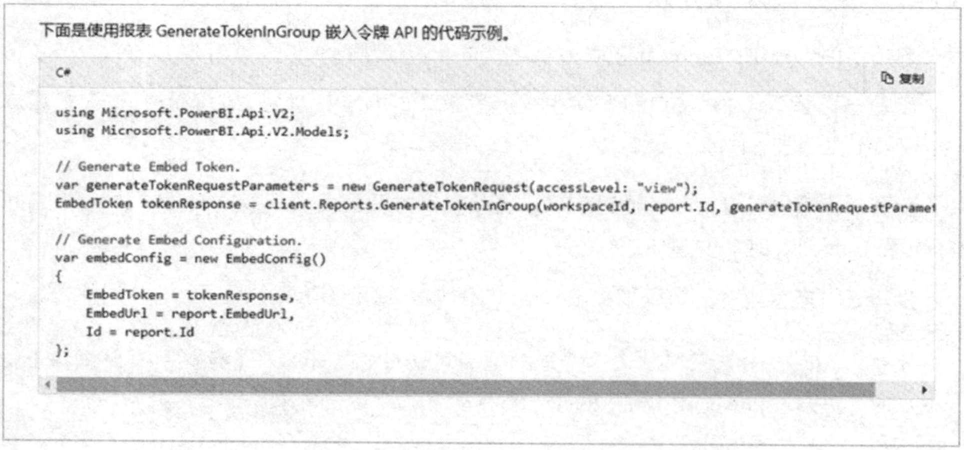

图 5.7.5

5.7.4 嵌入报表内容

从验证的角度而言，Power BI 支持的嵌入内容大致分为 3 种形式：

- 无验证嵌入：在 Web 上发布的报表，对于访问者不需要设置任何权限，例如图 5.7.6 所示的微软的财报。该功能的开/关可在"管理门户"对话框中的"导出和共享设置"中设置，如图 5.7.7 所示。

图 5.7.6

导出和共享设置

图 5.7.7

- Office 应用嵌入：在 Power BI Service 菜单中，可以选择嵌入 SharePoint Online 以及网站或门户，如图 5.7.8 所示。此种嵌入模式只支持 SharePoint Online 等 Office 应用的嵌入，且要求访问用户持有 Power BI 许可。
- 第三方嵌入：即前文描述的嵌入式开发。对于注册主账户或服务主体，用户在登录时通过主账户或服务主体发送查询请求。若设置独立于 Azure Active Directory（AAD）服务的用户验证，则需额外开发。

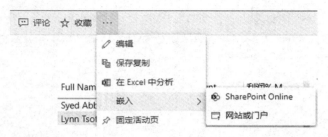

图 5.7.8

5.7.5 Power BI Premium 与 Power BI Embedded

相信这是一个多数人都感兴趣的话题，Power BI Premium 与 Power BI Embedded 的差别有哪些？究竟应该选择谁？表 5.7.1 对比了二者的主要差别，Power BI Premium 是同时满足自助式分析与企业分析需求的解决平台方案，而 Power BI Embedded 仅适用于企业嵌入开发场景。但相比之下，Power BI Embedded 环境对 Power BI Pro 许可的需求可能更少，理论上只有一个 Power BI Pro 许可管理工作区的内容足矣。

表 5.7.1

功	能	Power BI Embedded	Power BI Premium
自动分析	支持自助开发与发布	×	✓
嵌入内容	Office 应用嵌入	×	✓
	第三方平台嵌入	×	✓
许可	支持具有 Power BI Free 许可用户访问工作区内容	✓	✓
高级分析能力	AI，数据流	×	✓
	分页报表功能	✓	✓
支付	支付方式	小时	月或年
安全	认证方式	主账户/服务主体	Power BI 用户许可/主账户/服务主体
	行级安全设置	✓	✓

值得一提的是，在算力相等的情况下，Power BI Premium 比 Power BI Embedded 的收费要贵约 20%。相信大家会感到吃惊。不是说 Power BI Premium 的功能更强吗，怎么还更优惠呢？原因在于二者的收费模式是"钟点房"与"月租房"的差别，因此，"月租房"的平均价格便宜一些。

小结：Power BI Embedded 是一款主要用于嵌入第三方应用的服务，Power BI Embedded 是基于 Azure 的服务产品。另外，与 Power BI Premium 相比，Power BI Premium 包括了 Power BI Embedded 中的所有功能，但 Power BI Embedded 不支持具有 Power BI Free 许可的用户访问工作区。

另外，目前国内的 Azure 与 Office 是由世纪互联负责运营的，世纪互联负责国内 Azure 上的 Power BI Embedded 服务。目前，国内的 Azure 与国际的 Azure 的数据没有直接连接，需要使用 Azure AD（AAD）连接，将国内与国外的 AAD 进行身份验证和数据交互。

5.8　Power BI Report Server 介绍

Power BI Report Server 是 Power BI 的本地 IaaS（基础设施即服务）解决方案。首先通过在本地服务器上安装 Power BI Report Server，用 Power BI Desktop（Report Server）开发报表，然后发布到 Power BI Report Server 的门户中，可以生成 Power BI 报表，相当于本地版 Power BI Service，见图 5.8.1。

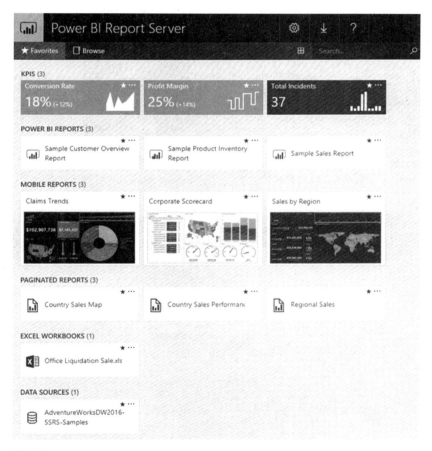

图 5.8.1

在微软官网中可以下载 Power BI Report Server 并在本地安装，见图 5.8.2。由于是 IaaS 服务，需要有专人管理和维护 Power BI Report Server。

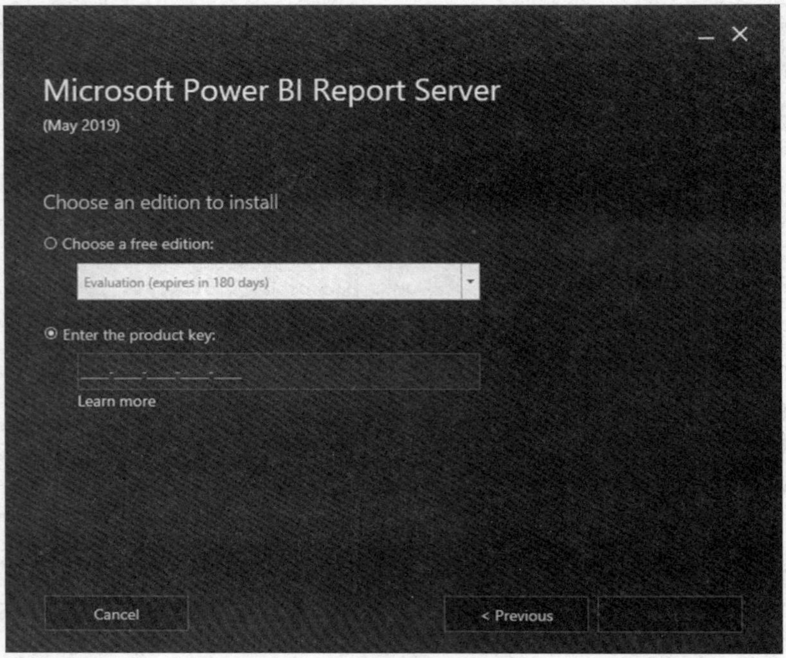

图 5.8.2

Power BI Report Server 是完全免费的，用户可以通过以下两种方式获得安装密钥：

- SQL Server Enterprise 的 SA 协议密钥：该协议附带密钥，用户可从许可服务中心获取产品密钥。
- Power BI Premium 的 Power BI 服务器密钥：可在 Power BI 的"管理门户"对话框中的"Power BI Premium"选项卡中访问 Power BI 报表服务器密钥，见图 5.8.3。

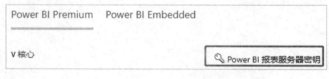

图 5.8.3

5.9 数据网关介绍

5.9.1 什么是数据网关

数据网关（Data 网关），是用于将本地数据源中的数据同步到云服务的工具。数据网关具有如下特点。

（1）数据网关不仅为 Power BI Service 提供服务，也为微软云中众多的应用提供数据同步服务，见图 5.9.1。

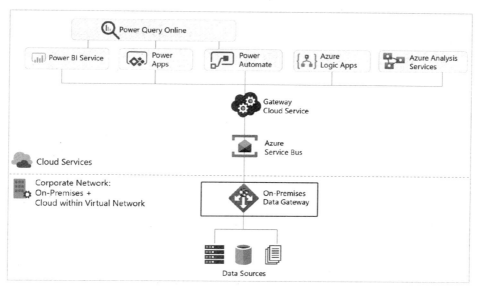

图 5.9.1

（2）数据网关分个人版本与企业版本，个人版本供一个账户使用，通常安装在个人电脑中，不要求长时间在线。企业版本供多个账户使用，通常安装在指定的本地服务器中，要求长期在线，以保证数据的及时传输。二者的差别见图 5.9.2。

它将处理的云服务	本地数据网关	本地数据网关（个人模型）
	Power BI、Power Apps、Azure 逻辑应用、Power Automate	Power BI
通过对每个数据源的访问控制来服务多位用户	•	
针对不是计算机管理员的用户，以应用方式运行		•
使用凭据以单一用户身份运行		•
导入数据和设置计划刷新	•	•
DirectQuery 支持	•	
支持实时连接 Analysis Services	•	

图 5.9.2

提示：如果数据源已经存储在微软的 SaaS、PaaS 云环境中，那么数据源与 Microsoft 365、Dynamic 365、Power Platform、Azure 之间的数据同步为无缝衔接，无须设置网关，但 IaaS 环境除外。

5.9.2 数据网关簇群

企业级的网关都是需要 24×7 小时保持开机的，在部署时应尽量使用网线保证数据传输的稳定。值得注意的是，直连、实时连接模式对数据的传输性能要求比导入模式高出许多，可能导致单个数据网关负荷过载。网关管理者可以考虑将导入模式的连接与直连、实时连接模式的连接设置在不同的网关中，分担数据网关的负荷。或者可以部署由多个服务器组成的网关簇群。

如果只是使用 Power BI Service，则数据为从本地到云端的单向流动。因此，数据网关仅需要开通流出端口 TCP443（默认）、5671、5672 和 9350~9354。

综上所述，数据网关不仅仅是一个端口，而是承载了数据的传输任务，其本身的性能对数据的传输速度有直接的影响。微软建议网关服务器至少满足以下安装标准：

- .Net 4.5 Framework
- 64 位 Windows 7/Windows 2008 R2
- 8 核 CPU
- 8GB 内存

在哪里部署网关可以达到最佳传输性能呢？首先来了解一下 Azure Service Bus。Azure Service Bus 的作用在于将本地数据向云端传递，即数据从数据源经过网关流向 Azure Service Bus，再由 Azure Service Bus 负责将数据传送到 Power BI Service 中。一旦进入微软云中，则这段传输就在微软专有网络中进行。专有网络享有比公有网络更稳定与更高速的网络传输。因此，在考虑网关的物理部署位置时，应使本地数据源与网关的物理位置尽量地短。

5.9.3 数据网关的安装与配置

在网上通过关键字可以下载数据网关。

安装完成后，输入数据网关管理者的账户，单击"登录"按钮。再输入网关的名称，设置恢复密码，完成后单击"配置"按钮。

> 提示：请保存好网关恢复密码，当重新安装网关或者在新的服务器上安装网关时，可以通过输入恢复密码恢复原有网关的配置。一旦恢复密码丢失，则需要重新配置所有已经使用该网关的设置。如果需要将网关添加至现有的网关群集中，则要勾选"添加至现有的网关群集"选项。

图 5.9.3 左图为网关安装成功后的界面，在其中可查看状态、重启网关、更换网关账户、诊断、设置恢复密钥等。在图 5.9.3 右图中单击齿轮按钮，在打开的列表中单击"管理网关"选项。

图 5.9.3

在打开的管理网关对话框中单击"添加数据源"按钮,选择相应的数据类型,完成数据源配置。在用户栏中可添加使用此数据源的账户,用户可以通过网关发布报表。

在图 5.9.4 所示的网关群集设置中,可为网关添加管理员。

图 5.9.4

提示:网关管理员可以增加或删除网关群集。在企业中,网关管理员通常为 IT 人员,当有新需求需要使用企业网关时,使用者可向管理员提交申请,申请批准后由管理员添加新的数据源并将申请者添加为用户。

第 6 章 Power BI Service 治理

6.1 Power BI Service 介绍

6.1.1 Power BI Service 管理员界面

要成为 Power BI Service 管理员角色，就需要获取必要的授权，这里有两种授权角色可供考虑：

- 全球管理员（Global Administrator）
- Power BI Service 管理员（Power BI Service Administrator）。

前者的权限更大，不仅仅局限于管理 Power BI，还包括管理 Microsoft 365，在企业内部只有很少的人拥有该权限。而 Power BI Service 管理员仅仅是针对 Power BI Service 设立的管理权限。在 Power BI Service 的主页面中单击齿轮图标，在打开的列表中单击"管理门户"命令即可设置。

> 注意，"管理门户"界面中的内容会不定期更新。

下面介绍"管理门户"菜单中的各选项功能。

- 使用指标：这里列出了 Power BI Premium 的主要用户指标仪表板，内容只供用户阅读，不可单击互动，见图 6.1.1。

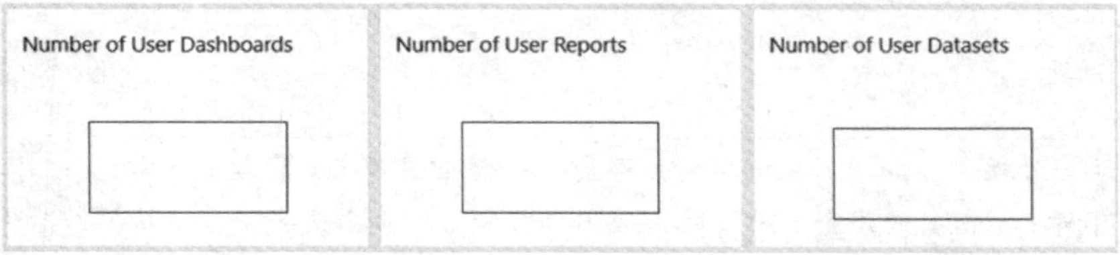

图 6.1.1

- 用户：跳转到 Microsoft 365 管理中心，管理用户、管理员和组，该功能需开启对应的 Office 管理权限，见图 6.1.2。

在 Microsoft 365 管理中心内管理用户、管理员和组
转到该处以查看设置并进行更改。

[转到 Microsoft 365 管理中心]

图 6.1.2

- 审核日志：跳转到 Microsoft 365 管理中心，查看租户活动和导出日志，该功能需开启对应的 Office 管理权限，见图 6.1.3。

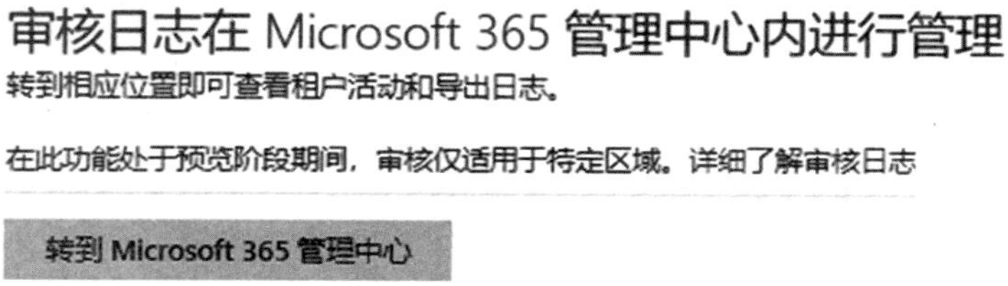

审核日志在 Microsoft 365 管理中心内进行管理
转到相应位置即可查看租户活动和导出日志。

在此功能处于预览阶段期间，审核仅适用于特定区域。详细了解审核日志

[转到 Microsoft 365 管理中心]

图 6.1.3

- 租户设置：其中包含 Power BI Premium 中的大量关键设置，例如 R 视觉对象设置、数据流设置、开发人员设置、导出和共享设置等，见图 6.1.4 和图 6.1.5。

帮助和支持设置
- 发布"获取帮助"信息
  已对整个组织禁用
- 接收服务中断或事件的电子邮件通知
  已对整个组织禁用

工作区设置
- 创建工作区（新工作区体验）
  已对整个组织启用
- 跨工作区使用数据集
  已对整个组织启用

信息保护（预览）
- 启用 Microsoft 信息保护敏感度标签
  已对整个组织禁用
- 设置 Power BI 内容和数据的敏感度标签
  已对整个组织禁用

导出和共享设置
- 与外部用户共享内容
  已对组织的子集启用
- 发布到 Web
  已对整个组织禁用
- 导出数据
  已对整个组织启用
- 将报表导出为 PowerPoint 演示文稿或 PDF 文档
  已对整个组织启用
- 打印仪表板和报表
  已对整个组织启用
- 认证
  已对整个组织禁用
- 允许外部来宾用户编辑和管理组织中的内容
  已对整个组织禁用
- 电子邮件订阅
  已对整个组织启用

内容包和应用设置
- 向整个组织发布内容包和应用
  已对组织的子集启用
- 创建模板组织内容包和应用
  已对整个组织启用
- 将应用推送给最终用户
  已对组织的子集启用

集成设置
- 结合使用"在 Excel 中分析"功能和本地数据集
  已对整个组织启用
- 使用 ArcGIS Maps for Power BI
  已对整个组织启用
- 使用 Power BI(预览)的全局搜索
  已对整个组织禁用

图 6.1.4

自定义视觉设置

- 添加并使用自定义视觉对象
  已对整个组织启用
- 允许仅经过认证的自定义视觉对象(屏蔽未认证的自定义视觉对象)
  已对整个组织禁用

R 视觉对象设置

- 与 R 视觉对象进行交互并共享
  已对整个组织启用

审核和使用情况设置

- 为内部活动审核和符合性创建审核日志
  已对整个组织启用
- 内容创建者的使用指标
  已对整个组织启用
- 内容创建者的使用指标中的每个用户数据
  已对整个组织启用

仪表板设置

- 仪表板的数据分类
  已对整个组织启用

开发人员设置

- 在应用中嵌入内容
  已对组织的子集启用
- 允许服务主体使用 Power BI API
  已对整个组织禁用

数据流设置

- 创建和使用数据流
  已对整个组织启用

模板应用设置

- 发布模板应用
  已对整个组织启用
- 安装模板应用
  已对整个组织启用
- 安装 AppSource 中未列出的模板应用
  已对整个组织禁用

问答设置

- 审阅问题
  已对整个组织启用

图 6.1.5

- **容量设置**：用于设置 Power BI Premium 和 Power BI Embedded 的容量。另外，Power BI Premium 许可自带一个 Power BI Reporting Server 密钥，可用于安装本地版 Power BI Server。图 6.1.6 中为一个带有 32 核的 P3 服务器配置。

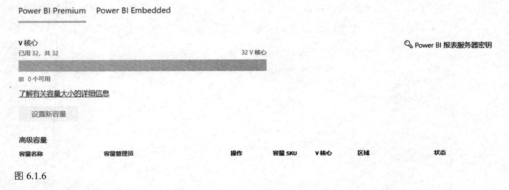

图 6.1.6

刷新摘要页面中的"计划"用于展示过去 7 日刷新的预订时间数与刷新空闲时间，见图 6.1.7。当刷新空闲时间为负数时，意味该时段的刷新需要已超负荷。

图 6.1.7

"刷新摘要"页面中的"历史记录"用于显示数据集的刷新历史记录,见图 6.1.8。

图 6.1.8

- 嵌入代码:用于查看使用发布到 Web 功能的代码链接,可获悉具体哪些用户对外分享内容,可禁止用户使用此功能,见图 6.1.9。

图 6.1.9

- 组织视觉对象:用于管理组织内部订制的视觉对象,见图 6.1.10。

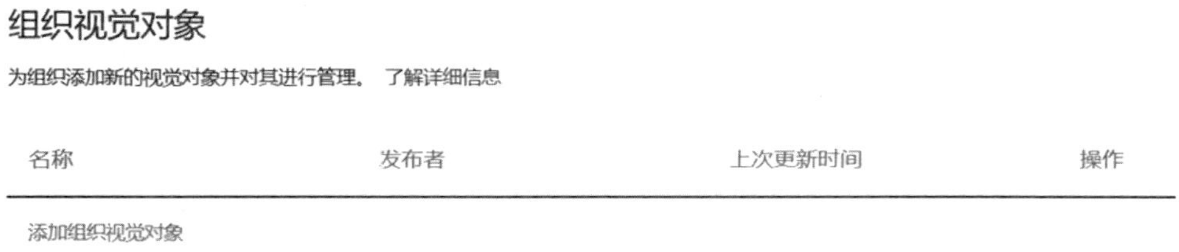

组织视觉对象

为组织添加新的视觉对象并对其进行管理。 了解详细信息

名称	发布者	上次更新时间	操作

添加组织视觉对象

图 6.1.10

- 数据流设置：默认的数据流存储空间为 Blob Storage，在此处可开通 Azure Data Lake Storage Gen2 存储服务，使用更多的高级数据功能，见图 6.1.11。

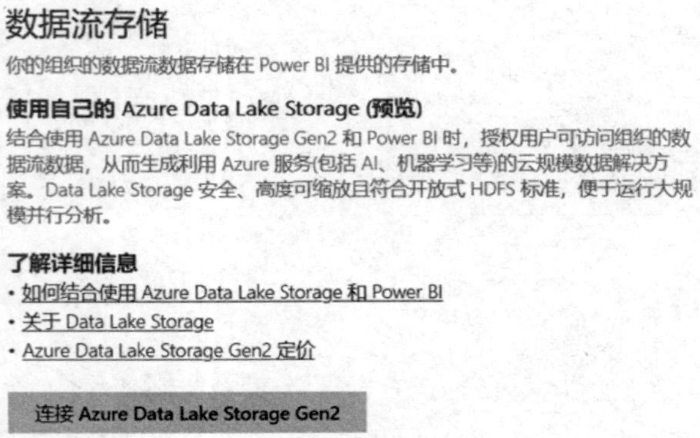

数据流存储
你的组织的数据流数据存储在 Power BI 提供的存储中。

使用自己的 Azure Data Lake Storage (预览)
结合使用 Azure Data Lake Storage Gen2 和 Power BI 时，授权用户可访问组织的数据流数据，从而生成利用 Azure 服务(包括 AI、机器学习等)的云规模数据解决方案。Data Lake Storage 安全、高度可缩放且符合开放式 HDFS 标准，便于运行大规模并行分析。

了解详细信息
- 如何结合使用 Azure Data Lake Storage 和 Power BI
- 关于 Data Lake Storage
- Azure Data Lake Storage Gen2 定价

连接 Azure Data Lake Storage Gen2

图 6.1.11

- 工作区：用于查看组织中的个人工作区和组工作区，见图 6.1.12。

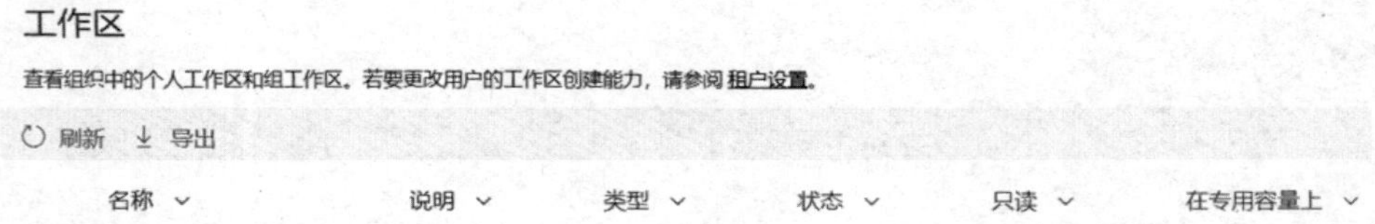

工作区
查看组织中的个人工作区和组工作区。若要更改用户的工作区创建能力，请参阅 租户设置。

○ 刷新　↓ 导出

名称	说明	类型	状态	只读	在专用容量上

图 6.1.12

- 自定义品牌：用于自定义 Power BI 的外观，见图 6.1.13。

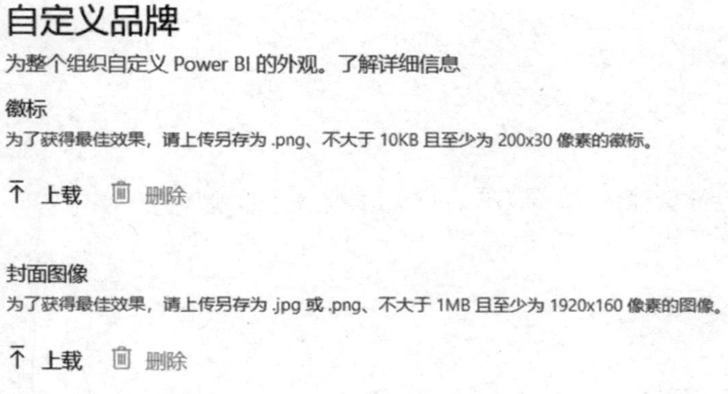

自定义品牌
为整个组织自定义 Power BI 的外观。了解详细信息

徽标
为了获得最佳效果，请上传另存为 .png，不大于 10KB 且至少为 200x30 像素的徽标。

↑ 上载　🗑 删除

封面图像
为了获得最佳效果，请上传另存为 .jpg 或 .png，不大于 1MB 且至少为 1920x160 像素的图像。

↑ 上载　🗑 删除

图 6.1.13

- 保护指标：通过在报表中显示 Power BI 敏感度标签，帮助保护报表内容，见图 6.1.14。

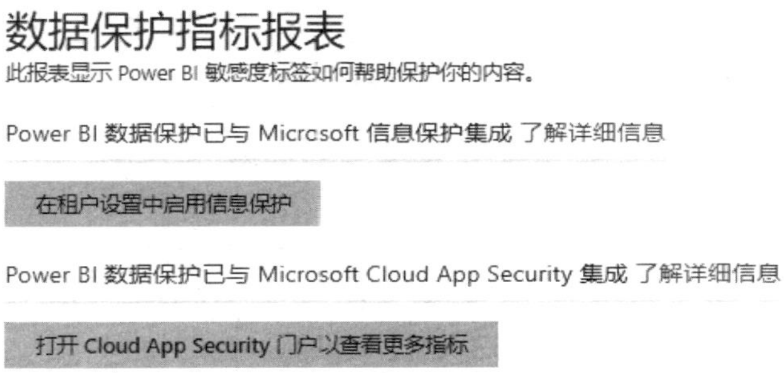

数据保护指标报表
此报表显示 Power BI 敏感度标签如何帮助保护你的内容。
Power BI 数据保护已与 Microsoft 信息保护集成 了解详细信息
在租户设置中启用信息保护
Power BI 数据保护已与 Microsoft Cloud App Security 集成 了解详细信息
打开 Cloud App Security 门户以查看更多指标

图 6.1.14

- 特别推荐的内容：在用户管理主页的“特别推荐”部分中突出显示的报表、仪表板和应用。

6.1.2 Power BI Premium 服务支持

微软为 Power BI Premium 管理者提供了专门的客户支持服务，其响应速度与质量均是最高等级的。登录 Power Platform 支持门户网页后，如图 6.1.15 所示，单击右侧的“Help+Support” 栏后，再单击上方的“New support request”按钮。

New support request
Environments
Analytics
Resources
Help + support
Data integration
Data gateways (preview)
Help + support
Issue title

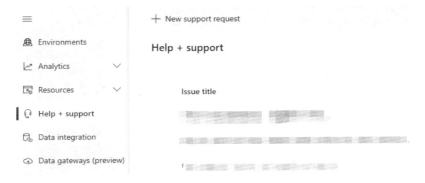

图 6.1.15

在新弹出的对话框中，填写对应的产品与问题类型，单击“See Solution”按钮。再填写具体的问题信息，以及问题的紧急程度。

图 6.1.16 为对问题紧急程度的定义。

小结： Power BI Premium 作为微软为企业推出的一套企业级解决方案，受到了企业用户的广泛追捧。由世纪互联独立运营的国内版 Power BI Premium 会在不久后推出，这会让更多企业客户受益。

严重级别	操作和支持说明	示例
严重级别 A（关键）	一个或多个服务不能访问或不可用。生产、经营或部署期限受到严重影响，或对生产或盈利造成严重影响。多个用户或服务受到影响。	收发邮件普遍存在问题。SharePoint 网站停用。所有用户均无法发送即时消息、加入或安排 Skype for Business 会议或拨打 Skype for Business 电话。
严重性 B（高）	服务可用，但性能受损。这种情况对业务产生的影响不太严重，可在营业时间进行处理。单个用户、客户或服务部分受影响。	Outlook 中的"发送"按钮出现乱码。不可能从 EAC（Exchange 管理中心）中进行设置，但可以在 PowerShell 中进行设置。
严重级别 C（非关键）	这种情况对业务的影响很小。此问题很重要，但不会对客户的当前服务或生产率产生严重影响。单个用户遇到部分中断，但存在可接受的解决方法。	如何设置永不过期的用户密码。用户不能在 Exchange Online 中删除联系人信息。

图 6.1.16

6.2 Power BI Premium 管理手册

作为企业级的分析平台，Power BI Premium 既承担了自助分析的功能，也承担了企业分析的功能，具有极为重要的战略意义。因此，企业的架构中应该设立 Power BI Premium 管理者的角色，承担起治理及日常运维的工作。管理者的职责可以归纳为以下 5 个方向，见图 6.2.1。

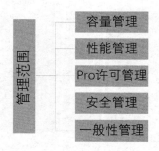

图 6.2.1

6.2.1 容量管理

容量管理包括节点设计、容量申请管理、容量扩容与容量使用规范等方面。

1. 节点容量设计

容量管理是指对 Power BI Premium 专有容量的设计与管理。前文已涉及节点的概念，下面以下一个 P3 节点为例，介绍如何合理设计与管理节点的容量。图 6.2.2 为被拆分为两个 P1 节点与一个 P2 节点的 P3 节点。

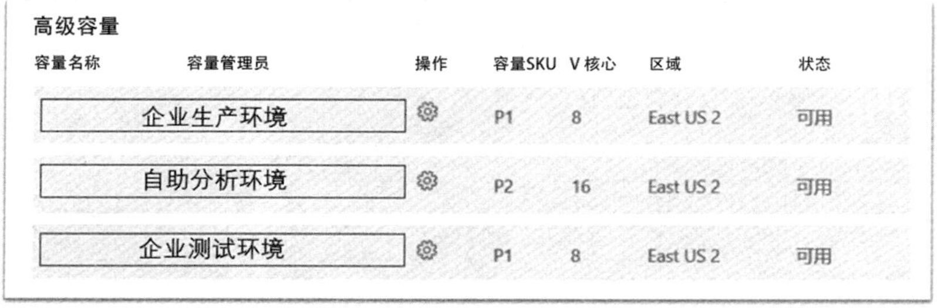

高级容量						
容量名称	容量管理员	操作	容量SKU	V核心	区域	状态
企业生产环境		⚙	P1	8	East US 2	可用
自助分析环境		⚙	P2	16	East US 2	可用
企业测试环境		⚙	P1	8	East US 2	可用

图 6.2.2

该设计的原本目的是将企业环境分为测试环境与生产环境，确保生产环境的性能不受测试需求的影响。但事实上，许多 Power BI 报表的测试与开发环节是迭代进行的，因此大部分开发者没有额外设置测试工作区的需要，从而导致测试环节资源空置，而生产环节资源紧张。

经评估和改进，一些用户将生产与测试环节合并优化，见图 6.2.3。这样的设计简化了节点的管理：一个环境用于自助分析，另一个环境用于企业分析。从实际效果来看，用户体验得到提升了，因为环境的容量（算力）大了两倍。

高级容量				
容量名称	容量管理员	操作	容量SKU	V核心
企业分析环节		⚙	P2	16
自助分析环节		⚙	P2	16

图 6.2.3

2. 容量申请管理

有了合理的容量设计，还要有合理的流程管理。在默认情况下，每个 Power BI Pro 用户都可以将工作区放置在自助分析环境容量中进行自助分析。但部分工作区用于企业级别分析，对算力资源要求特别高。申请企业容量管理就是对企业容量需求的有效管理。

图 6.2.4 为管理者通过 Power Apps 设计的容量申请应用程序，申请者需要填写必要的工作区信息资料、确保阅读并遵守报表最佳设计指南，以及同意管理规范。一旦申请填写完成，Power Automate 就会向管理者发出申请通知提示。同理，申请人会收到批复结果的自动提示，见图 6.2.5。管理者还可以通过 Power BI 分析专有容量的申请状况等。

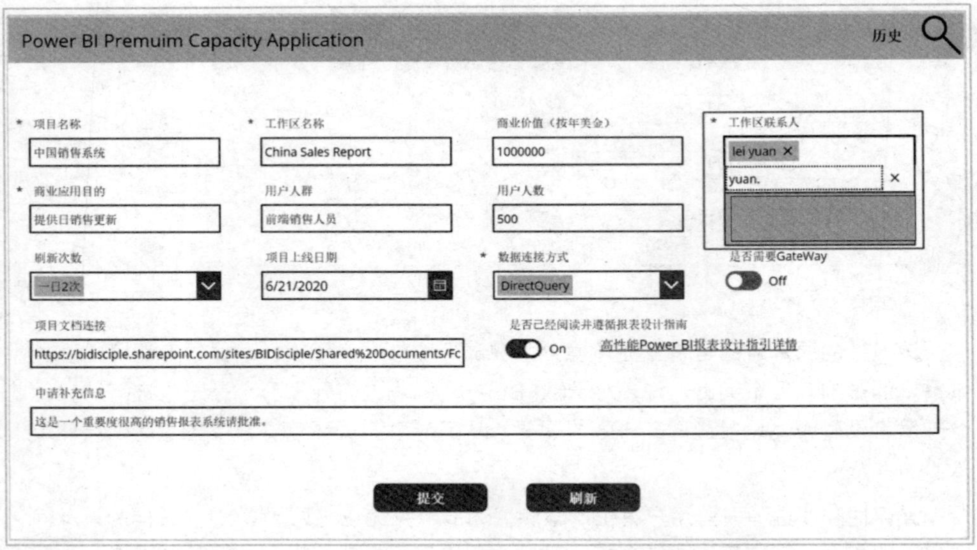

图 6.2.4

图 6.2.5

3. 容量扩容

当资源需求增长达到瓶颈时，管理者需要扩大现有的资源容量。管理者可在 Microsoft 365 Admin Centre 门户下的"Purchase Service"页面中，通过关键字查找 Power BI Premium，选择相应的节点并完成购买。

需要说明的是，只有购买的节点容量不小于原有的节点容量时才能进行容量合并操作。例如，目前的企业节点是 P2，新的节点也必须是 P2 或者具有更高容量的节点，合并后变为 P3。但当新节点为 P1 时，则无法与现有节点 P2 合并。

4．容量使用规范

在 Power BI Premium 环境下的 Power BI Pro 许可用户既有专有能力也有公有能力。合理地使用这两种能力有助于节约 Power BI Premium 的资源。

- 专有能力：用于需要与 Power BI Free 许可用户分享的工作区。
- 公有能力：原则上，凡是不需要与 Power BI Free 许可用户分享的小于 1GB 的数据集的工作区都可以使用公有能力，尽量不占用专有能力的资源。

但有一种特殊情况除外：图 6.2.6 为在 Power BI Premium 环境中，由于数据集负荷过量导致的刷新失败提示。在这种情况下，用户可暂时关闭专有能力并转换至公有能力，利用公有能力完成刷新，然后再打开专有能力开关，将工作区还原，这被视为一种"临时"但有效的资源解决方案。

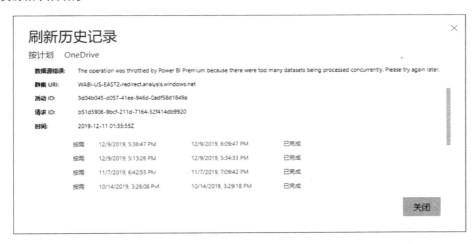

图 6.2.6

6.2.2　性能管理

性能管理包括节点性能调优、刷新优化、工作区性能日常管理与报表设计规范等方面。

1．节点性能调优

管理者可根据企业的实际分析需求对 Power BI Premium 的容量设置进行一系列的持续优化操作。例如，图 6.2.7 为容量设置管理界面，打开"增强的数据流计算引擎"选项可以优化数据流；关闭"分页报表"选项可以节约更多的内存资源（如果企业根本不使用分页报表）。

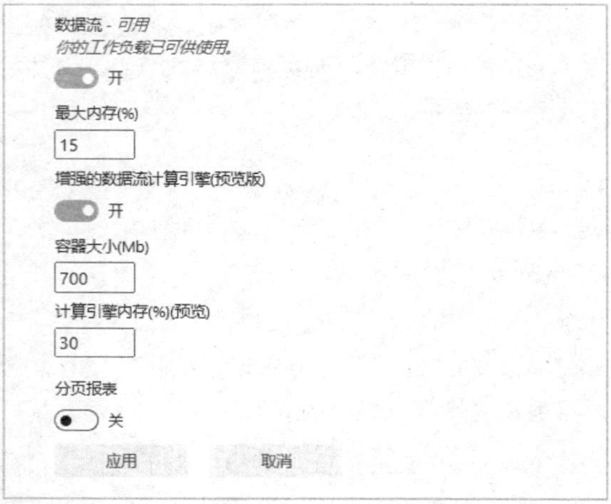

图 6.2.7

2．刷新优化

前文提及的"刷新摘要"功能可提示用户刷新时间，从而可以让用户合理安排刷新数据集任务，最大程度地有效利用系统资源。

3．工作区性能日常管理

通过微软提供的性能管理工具 Power BI Premium Capacity Metrics，管理者可监测节点在过去 7 日的性能表现。一旦察觉性能有异常，管理者就应调查问题是否来源于某些工作区，应及时主动与工作区管理员沟通并尽快改进工作区的性能，以免影响其他工作区的正常使用。

4．报表设计规范

报表查询性能并非完全取决于专有能力容量，报表设计的优劣也会对查询性能产生直接的影响。因此，规范报表设计有助于提升报表查询性能，其价值对于自助式分析用户尤为如此。

6.2.3 Power BI Pro 许可管理

在自助分析场景中，凡有分享及发布报表需求的用户都需要申请 Power BI Pro 许可。因此，Power BI Pro 许可的申请次数会非常频繁，此时申请流程自动化就变得非常有必要。微软提供的申请许可自动化流程为：通过用户提交申请、经理审批、自动加组、自动获取许可，即可完成整个申请流程。

除此之外，管理者还应设计许可回收流程。当用户超过一定的天数无登录 Power BI Service 的记录或者离开企业时，该用户的账户应被自动从 AAD Power BI 组中移除，以节约 Power BI Pro 许可的预算。为此，管理者需要额外的 Microsoft 365 权限用于查询用户的历史活动记录。

6.2.4 安全管理

安全管理包括发布到 Web、开发人员设置、允许 B2B 访问等，一般要执行企业中的有关政策规范。

6.2.5 一般性管理

一般性管理是指除上述管理内容外的其余管理内容，例如开放某一个新增功能的一般性管理的范畴。

合理安排数据集刷新的时间，可以最大程度地有效利用系统资源。

6.2.6 Power BI Service 指标应用程序

管理员可以使用微软提供的 Power BI Service 指标应用程序。具体操作方法如下。

单击左侧菜单中的"应用"按钮，再单击"获取应用"按钮，见图 6.2.8。

图 6.2.8

通过搜索关键字"Premium"可以找到 Power BI Premium Capacity Metrics，单击"立即获取"按钮进行安装。这类似于在手机中安装 App。安装成功后，单击该应用程序即可查看 Power BI Premium 的 KPI 指标变化。

虽然观察系统 KPI 指标变化有助于掌握系统的健康状态，但 KPI 指标不等同于用户体验 KPI 指标。例如，图 6.2.9 显示了查询等待时间，大于 30s 的查询占总体的很小部分，而小于 1s 的查询占到了 80%，乍一看你会觉得性能还不错。但是如果仔细思考，就会发现这里的数据都是刷新成功的统计结果。想要真正全面评估 Power BI Service 性能的优劣，还要建立用户体验 KPI 机制，这样可以及时通过用户了解数据刷新和报表页面加载的速度。

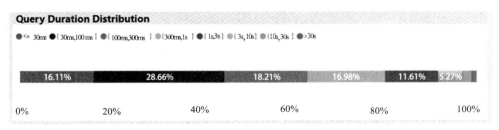

图 6.2.9

另外，在"管理门户"对话框的"健康产业"页面中，可以查看简易版的关键性能指标，见图 6.2.10。

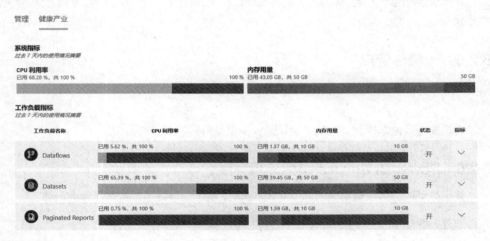

图 6.2.10

6.2.7　Azure 云与 Office 365 云的关系

Power BI 是 Office 365 的产品之一。Power BI Service 存在于 Office 365 云中，而其数据空间则存在于 Azure 云上，包括之前介绍的数据流，其数据存在于 Blob Storage 中。用户在访问 Power BI Service 时，Office 365 会从 Azure 云中引用存储的数据。请记住，这个概念很重要，与 6.2.8 节介绍的内容息息相关。

6.2.8　Power BI Premium 的服务器位置

那么 Power BI Premium 的服务器究竟在哪里？

在 Power BI Service 中单击右上方菜单中的"关于 Power BI"命令，在弹出的对话框中包含了服务器的物理区域，如图 6.2.11 所示。同理，这也是 Office 365 租户的物理地址。

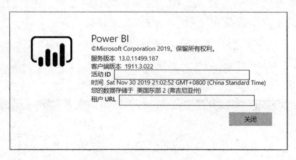

图 6.2.11

用户经常问的一个问题是：如果将数据从美国东部 2（弗吉尼亚州）转移到新加坡，是否会提升亚洲用户的访问速度？

其实不会。前面介绍了 Power BI 的存储与计算功能是分开的。假设 Power BI 租户位于美国东部 2，即使真的将部分数据放置在新加坡，访问所产生的计算都需要先经过 Power BI 租户所在地，即美国东部 2，如图 6.2.12 所示。这样的访问路径比图 6.2.13 所示的默认访问路径更长，没有任何物理路径上的优化，反而可能会需要更多的时间。

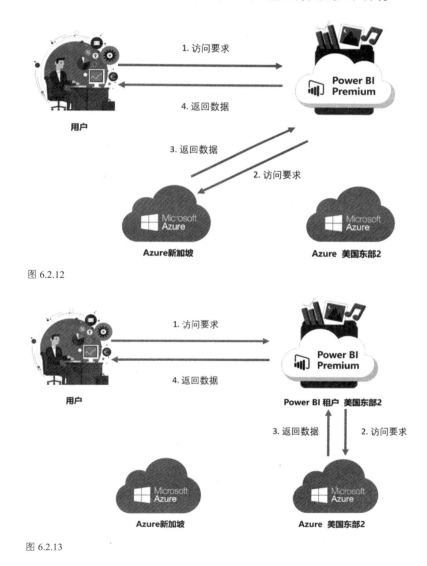

图 6.2.12

图 6.2.13

图 6.2.12 所示的设计只有在一种情况下会发生——数据合规要求。一些国家、企业会明确要求相关数据必须存放在指定的 Azure 物理空间内。

6.2.9　Power BI Premium 性能优化建议

尽管 Power BI Premium 为专有能力，但其资源也是有限的。若不有效利用资源，则资源迟早会被耗尽，从而影响全体用户的使用体验。

在 Power BI Premium 节点中，其中固定数量的虚拟内核用于供操作系统资源和前端访问门户使用，剩余的内核供数据刷新使用。例如在 P1 节点中，最大同时可以刷新数据集的个数为 6 个，当刷新任务需求超过供给时，超额的任务需要排队，而排队又导致后面的刷新任务延时，从而造成严重堵塞。延时时间过长，会导致刷新失败（Time out）。在这种情况下，部分用户甚至会不断单击，产生新的请求，进一步造成资源紧张。最终连用户浏览前端门户中的内容都受影响，这时系统性能就处于非常糟糕的状态了。

针对上述问题，可以参考以下几点建议维护系统性能健康：

- 按商业重要度级别对 Power BI Premium 节点进行划分，并制定相应的管理流程和沟通机制，为商业等级高的应用程序留出最重要的资源。
- 对于"我的工作区"等非共享和非商业生产运作的工作区，移除专用能力，为 Power BI Premium 留出更多资源。
- 尽量使用增量刷新，避免全量刷新，对于大型的数据集尤为如此，避免资源浪费。
- 对对性能要求特别高又特别重要的商业应用，可以考虑将其部署在独立 Power BI Embedded 或者是 SSAS 上。
- 对于过于庞大的模型或者需要频繁刷新的数据集，建议使用直接模式。
- 管理员对数据流和数据集刷新等重要活动进行监测并且优化"容量设置"参数，一旦发现资源占用异常，就需要马上采取限制措施，见图 6.2.14。

SKU	后端 V-Cores	内存限制	最大并行刷新数
A4\P1	4	25 GB	6
A5\P2	8	50 GB	12
A6\P3	16	100 GB	24

图 6.2.14

提示 1：在门户管理操作界面中，移除单个工作区为手动操作。对于批量的移除工作区任务，可以通过使用 Power Shell 脚本调用 Power BI 中的 REST API 接口，自动化完成。

提示 2：读者可能对数据流也同样消耗 Power BI Service 的资源感到意外。数据流的作用相当于为报表在线提供共享的数据集，自然会消耗资源。管理员可在容量设置页面中控制数据流，如图 6.2.15 所示。

图 6.2.15

提示 3：2019 年 6 月更新的 Power BI 版本推出了"增强的数据流计算引擎"功能。此功能提升了数据流的性能，据微软称数据流的性能可最高提升至 20 倍。此功能为预览模式，可在"容量设置"对话框中的"数据流"选项下打开此功能，如图 6.2.16 所示。单击"确定"按钮开启后，需要重启节点才能生效。

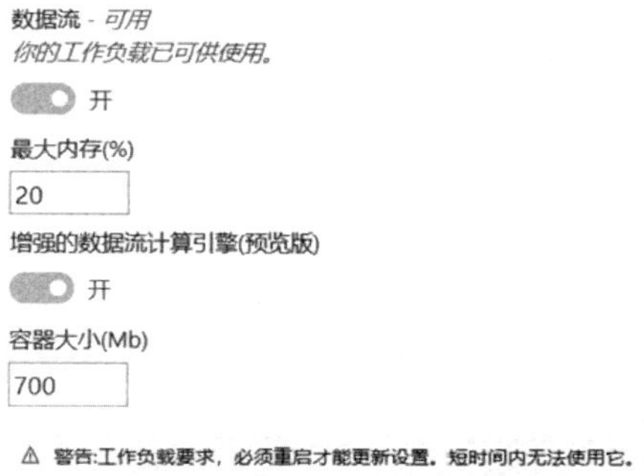

图 6.2.16

小结：Power BI 本身是自助性的应用程序，从理论上来说，企业里的任何人都应该有权利使用并从中受益。但不涉及个人利益的事情，往往也是最不受人关注的。没有限制地进行自助分析，将是灾难性的。Power BI Premium 属于企业级解决方案，其租赁费用不菲，应对其加以好好管理和利用，优先服务于商业等级高的需求，为企业谋求最大的回报。作为 Power BI Service 的门户管理者，需要谨慎、全面地思考 Power BI Service Premium 治理流程，保证让用户在享用优质服务的同时最大程度地保持系统性能的最优化。

6.3 Power BI 报表性能设计规范

前文介绍了报表性能设计规范的重要性：报表性能设计会直接影响报表查询结果。总体上 Power BI 报表性能设计规范可分为三大方面：

- 数据准备设计规范
- 数据建模设计规范
- 可视化设计规范

6.3.1 数据准备设计规范

规范 1：如无使用查询的必要，则筛选多余的字段列。

解释：Power BI Desktop 文件为列存储格式的高度压缩的 Pbix 文件。当数据字段越多、基数越大（Cardinality）时，其性能就会下降。

规范 2：根据数据集的大小选择适合的数据连接模式。

解释：前文介绍了导入、直连、实时连接模式各自的特点及混合模式的优势。开发者可以根据实际情况，选择最优的连接模式。

规范 3：在 Power Query 中，要尽量将 Query Folding 操作在 M 语言步骤中前置。

解释：在 Power Query 中，部分 M 语言命令可被转换为 SQL 命令，这种转换过程被称为 Query Folding。将 Query Folding 查询步骤前置执行，有助于提高数据整理效率。在"查看本机查询"选项中可以查看 M 语言命令，该选项表示 M 语句可被转换。

规范 4：对透视数据源使用逆透视。

解释：完成逆透视处理后，表会变长、变窄，基数也会变小。

规范 5：对关联字段选用整数类型并排序。

解释：整数类型字段的压缩比高于文字类型字段，而排序有利于提升压缩比。

规范 6：尽量减少小数的位数或使用整数替代。

解释：这样同样有利于提高文件的压缩比。

规范 7：对于多日期字段的数据集，要关闭"自动日期/时间"功能。

解释：在默认情况下，Power BI 为每个日期/时间字段创建了一个隐蔽的日期表。关闭该选项，有利于节省模型的空间，见图 6.3.1。

规范 8：将数据流中的数据摄取（Ingestion）与数据计算（Compute）部分分离。

解释：微软建议将数据摄取与数据计算的逻辑分离成不同的数据流，确保计算数据流得到最优化。

图 6.3.1

6.3.2 数据建模设计规范

规范 1：参考 Kimball 建模四步骤原理，建立星形模型架构。

解释：图 6.3.2 为 Kimball 建模四步骤：选择业务流程、确定分析的颗粒度、确定分析的维度与分析的事实。此步骤虽然简单，却很实用。

星型模式设计套路

使用Kimball四步骤

1. 选择业务流程（如IT设备采购）
2. 确定分析的颗粒度（如每个采购项目一个条目）
3. 确定分析的维度（如部门、IT领域、业务领域、日期等）
4. 确定分析的事实（如采购数量、采购金额、行总数等）

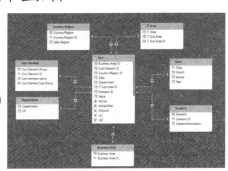

图 6.3.2

规范 2：尽量减少或避免双向筛选。

解释：双向筛选就是两张表互为 LOOKUP 表，即表 1 中的所有字段都可查询表 2 中的所有字段，增加了模型的复杂程度。

规范 3：在一般情况下，度量的使用优于计算列的使用。

解释：度量是基于内存的计算，不会增加模型的基数（Cardinality）。

规范 4：DAX 中的筛选条件应尽量使用维度表中的字段。

解释：在性能上，使用维度字段的公式会具有优势，因为其筛选行数小于事实表。

6.3.3 可视化设计规范

规范 1：控制可视化图形的数量。

解释：每新增一个可视化图，意味着会产生一个新查询，包括筛选器（其也是一种可视化图）在内。建议页面中的可视化图不超过 15 个，优化方式可以考虑用多行卡图替代卡片图。

规范 2：避免使用高基数字段为筛选器。

解释：高基数字段导致高资源消耗，可以考虑使用过滤（Filter）替代筛选器（Slicer）。

规范 3：在筛选器中为可视化图设定默认值。

解释：在数据加载时，可仅加载部分数据而不是全部数据。

规范 4：减少不必要的交互查询行为，包括避免使用同步切片器。

解释：交互查询会消耗相当多的查询资源。设计者应避免使用不必要的交互行为。同步切片器选项也会导致额外的交互行为。

规范 5：减少使用密集、多字段的矩阵图。

解释：矩阵维度越多，消耗的资源就越多。可考虑通过钻取的方式显示详细列表。

小结：遵循以上报表性能设计规范有助于提升报表的查询效率。但优化都是有时间和精力成本的，"无限"地优化系统只会让优化失去意义。"足够好"的优化优于"最好"的优化。

6.4　Power BI Premium Capacity Metrics 工具

本质上，Power BI Premium Capacity Metrics（以下简称 Metrics）也是一个微软为管理者提供的报表工具。使用者需要有管理员权限（Power BI Administrator）或者至少有容量管理者权限（Capacity Administrator）才可以访问报表内容。

6.4.1 Metrics 的安装

第一次安装 Metrics 时需要进入 Power BI Service 界面中，通过搜索关键字"Premium"获取该应用，见图 6.4.1。在打开的对话框中单击"立即获取"按钮，进行安装，见图 6.4.2。

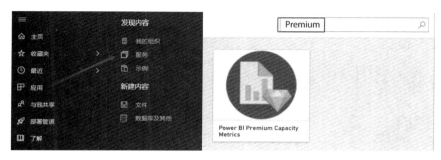

图 6.4.1

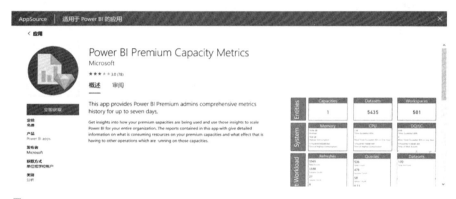

图 6.4.2

安装完毕后，管理者的工作区中会出现新的工作区"Power BI Premium Capacity Metrics"。打开工作区后，单击上方的"连接您的数据"选项，见图 6.4.3。在弹出的时区设置对话框中填写参数，例如 UTC=0。单击"确定"按钮，完成身份认证，然后完成初始设定。

图 6.4.3

6.4.2　Metrics 工作区中的内容

Metrics 工作区中包括一个仪表板、一个报表和一个数据集。仪表板主要提供总览信息，包括总容量数、总工作区数、总数据集数、最大 CPU 消耗容量名称、最大内存消耗容量名称等，见图 6.4.4。

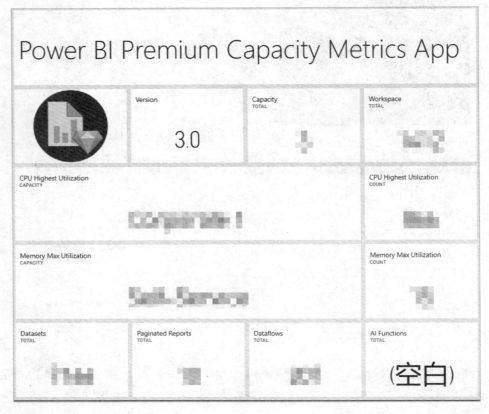

图 6.4.4

单击仪表板中的磁贴，跳转至 Metrics 报表中，见图 6.4.5。其中左上角是容量切片器，该图下方显示了 3 个重要指标，单击码表下方可见明细数据。

- Active memory：内存占用率。安全阈值为 50 次。
- Query waits：超过 100ms 查询的占比率。安全阈值为 5%。
- Refresh waits：超过 10min 的数据集刷新占比率。安全阈值为 10%。

在报表的众多页面中，最重要的是 Datasets 页面中的 Refreshes 书签页面与 Query Durations 书签页面。Refreshes 书签页面支持相关数据集的历史刷新时间记录。Query Durations 书签页面支持相关数据集的历史查询时间记录。通过以上信息，管理者可确认损耗资源大的工作区，再从容量设置中搜索工作区名称，查找管理员信息，通知其改进报表性能。

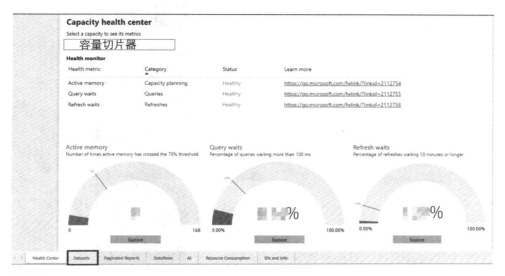

图 6.4.5

6.4.3 Metrics 的局限性与解决方案

目前，Metrics 在应用方面有一定的局限性：

- 只支持过去 7 日的历史数据查询，无法支持更长时间的历史数据查询或者趋势分析。
- 只支持至少有容量管理的权限，这意味着绝大部分工作区管理者无法访问 Metrics 中的数据。

解决的办法是每隔 7 日定期通过"Analyze in Excel"功能将 Metrics 中的数据集导出至本地存为一个模板数据集，再通过 Power BI Desktop 获取数据中的文件夹方式，将历史数据追加成一个历史表。接下来重构可视化分析，将报表发布到公共工作区内与受众分享。如此这般，所有工作区管理者都能浏览重构的 Metrice 分析报表并从中受益。以下是重构 Metrice 报表的步骤。

步骤一：通过"Analyze in Excel"功能读取 Metrics 的数据集。

步骤二：参照微软官方的 Metrics 报表重构其中重要的 KPI 指数。图 6.4.6 的左图、中图为 Excel 端读取的数据度量与数据表，右图为 Power BI 端读取的数据表。它们唯一的区别是，Excel 中的度量与表被分离了，而 Power BI 中的度量被放置在表中。

图 6.4.6

步骤三：将完成的 Excel 透视表模板保存在文件夹中并每隔 7 日复制该模板，重新刷新历史数据。图 6.4.7 为 Excel 模板中的透视表信息。

图 6.4.7

步骤四：用 Power BI Desktop 获取数据信息，再经过去重等处理将数据清理干净。

步骤五：重构表之间的关系与创建可视化报表。

步骤六：发布管理报表至公有工作区（设置所有人访问权限的工作区）。

> **注意**，没有必要完全仿照微软的 Metrics 报表进行报表重构，因为该数据集信息过于庞大、关系过于复杂、KPI 也过多，即使 100%完成重构，用户也未必能完全理解报表中过多的技术指标，因为本来这些指标的目标人群为 Power BI Premium 管理者。因此，建议只重构重要 KPI，以简单明了的方式呈现可视化分析，让受众人群获取洞察并采取相应的行动，则重构 Metrics 报表即是成功的。

第 7 章 Power Platform：低代码云平台助力 Power BI

7.1 Power Platform 应用介绍

7.1.1 什么是 Power Platform

古语云：兄弟齐心，其利断金。在 IT 应用方面，道理也是相通的。Power Platform 中的众多应用可以助力企业实现数字化转型之路。

Power Platform 是什么？也许有的读者还不了解。但是，谈到其中的一位成员 Power BI，相信大多数读者对此已经比较了解。图 7.1.1 是来自微软官方网站的 Power Platform 架构示意图。Power Platform 由多个应用工具组成，其核心包括 Power BI、Power Apps 和 Power Automate，即所谓的"Power 三剑客"。当然，这里不仅有"Power 三剑客"，还有最新的 Power Virtual Agents，但 Power Virtual Agents 目前只是一个比较小的应用，与 Power Automate 配合使用，还不能独当一面。以下是对这些应用的具体介绍。

Power BI：专注于商业智能数据解决方案，通过可视化分析让用户洞察数据背后的价值。Power BI 既可以用作自助商业智能分析，也可以与 Azure 数据库、数据湖结合，为用户提供企业级的商业智能解决方案。

Power Apps：专注于建立商业数据采集解决方案。Power Apps 可用于替换 Excel 表格、纸质表格等传统方案（但不局限于此），也可与 AI Builder、Common Data Service 结合，承担更多的数据收集任务。

Power Automate：专注于自动化重复性商业流程的解决方案。Power Automate 不仅可以用于自动化商业审批流程、数据更新等场景，还可以用于 RPA（Robotic Processing Automation）应用。Power Automate 原名 Flow，因为加入了 RPA 应用场景后，Power

Automate 在 2019 年 10 月正式更名。

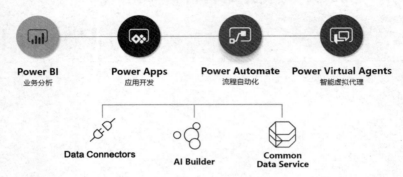

图 7.1.1

Power Virtual Agents：新一代智能会话机器人，可与 Power Automate 深度结合，具有自我学习功能。

> 注意，在 Power Platform 底层还有三大公用利器（见图 7.1.1）：Data Connectors、AI Builder、Common Data Service（CDS），它们被称为"Power 三利器"，为上述"Power 三剑客"提供底层核心通用功能。

Data Connectors 数据连接器，用于连接不同类型的数据源，涵盖从传统的数据库接口到社交媒体，应有尽有。开发者也可订制开发数据接口，如微信、微博接口。

AI Builder：人工智能 Builder。目前其应用场景包括文本分类、表格处理、物体检测、预测四大方面，可以帮助用户更智能地实现数字化转型。

Common Data Service（CDS）：一个为商业应用创建数据解构与为商业逻辑提供支持服务的应用。简单而言，它是一个封装成服务的数据库，可以让任何商业用户通过简单明了的方式创建数据库及相应的数据逻辑。

以上所示的产品、"Power 三剑客"和"Power 三利器"，再加上 Power Virtual Agents，构成了 Power Platform。

7.1.2　Power Platform 的商业价值

有的读者会问：Power Platform 有什么用呢？首先，得从数字化转型这个话题开始说起。目前我们已经处于数字化时代，这意味着我们的生产及工作方式与行为都会随之发生改变，而这种转型或者改变来自于数字技术的革新。这并不是一个大而空泛的话题，而是切切实实涉及每个商业场景。

Power Platform 正是为解决企业数字化转型而生的一个整体性的解决方案。在 Power Platform 环境下，所有用户都可以通过低代码的方式完成一系列数字化商业流程，并且可以与其他业务环节中的同事无缝对接数据。

那么企业数字化转型成功的关键因素有哪些呢？至少低代码是一个关键因素。在现实中，企业不可能要求每位员工，尤其是业务人员，精通类似 Python、R 这样的数据处理和分析语言。如何提升非 IT 技术人员的数字化技能是企业能否成功实现数字化转型的核心关键因素。Power Platform 作为微软力推的低代码平台，在业界广受好评。

何谓低代码？其类似于"乐高积木"的概念，Power Platform 将通用的商业场景功能封装成各种积木，形成可视化模块，通过"拖曳"的方式，快速完成应用的开发。低代码应用能解决企业在数字化转型过程中实际业务流程不落地的难题。借助 Power Platform，业务人员无须学习编程语言就能实现自动化、大数据分析这样传统 IT 人员才能完成的任务。相信用过 Power BI 的人对低代码的工作方式会有更加深刻的理解。

在从 Excel 转换到 Power BI 的过程中，用户可以体会到复杂的 Excel 公式或者是 VBA 代码被相对简易的 M、DAX 语言替代了，还多了可视化交互等新功能，这就是实现"低代码"的一个典型例子。尽管 Power BI 是一个非常强大的数据可视化分析工具，但其"孤掌难鸣"，仅仅靠单一的数据可视化分析工具并不足以支撑企业的全面数字化转型。因此，继 Power BI 之后又诞生了 Power Apps 和 Power Automate，这些应用和原有的 Office 家族应用（见图 7.1.2）相互协作，相得益彰，形成强大的生态合力。

图 7.1.2

除了 Office 365，Power Platform 还能和微软"三朵云"中的另外"两朵云"：Azure 和 Dynamics 365 无缝结合，形成真正全方位的数字化平台，如图 7.1.3 所示。从这个角度看，微软的数字化解决方案是微软"三朵云"Azure、Dynamics 365、Office 365（新名字为 Microsoft 365）与 Power Platform 的深度结合的完整生态系统。

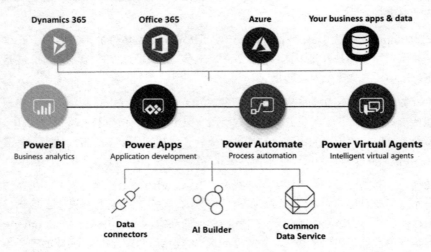

图 7.1.3

图 7.1.4 为微软提供的传统企业业务信息系统建设流程与基于 Power Platform 的企业创新业务系统建设流程的对比。通过低代码快速创建系统，Power Platform 能大幅削减企业在传统商业应用开发上所花费的时间成本与精力。

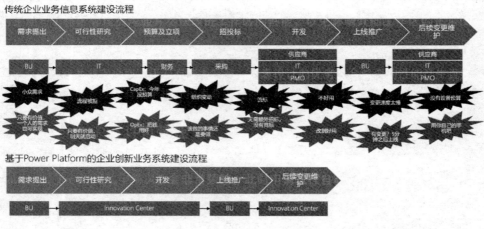

图 7.1.4

7.2 Forms、Power Automate 与 Power BI 的协同应用

Power Automate 是连接各种应用之间的数据的桥梁，比如可以将数据从 OneDrive 移动到 SharePoint 等。下面的案例演示了将 Forms 中收集的调查数据通过 Power Automate 连接到 Power BI 中进行分析及展示的过程。

此案例分为三大步骤：

（1）创建 Forms 表单。

（2）用 Power BI 创建数据集。

（3）连接 Forms 数据与 Power BI 数据集。

7.2.1 创建 Forms 表单

在 Office 门户网站的磁贴中单击"Forms"按钮，见图 7.2.1。再单击"新建表单"按钮，创建新表单，见图 7.2.2。

图 7.2.1

图 7.2.2

这里以创建一个在线调查问卷为例来介绍。下面为调查问卷提供名字（此名字为该问卷表单 ID），以及如下问题，见图 7.2.3。

您工作常用的分析工具是？

您有多少年数据分析经验？

您对自我数据分析能力的评估是？

Forms 支持通过二维码、邮件、URL 等方式分享内容。

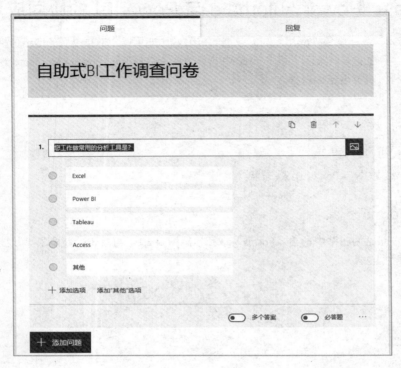

图 7.2.3

7.2.2 用 Power BI 创建数据集

完成 Forms 表单的编写后，登录 Power BI Online，在打开的界面右上方单击"创建"按钮。在弹出的列表中单击"流数据集"命令。所谓的"流数据集"，代表数据的传输模式为实时数据传输，无须再制定刷新时间，如图 7.2.4 所示。

在打开的对话框中选择"API"为流数据集，见图 7.2.5。

图 7.2.4

图 7.2.5

参照 Forms 表单内容，在"新建流数据集"对话框中填写以下信息，如图 7.2.6 所示，记得打开"历史数据分析"选项。

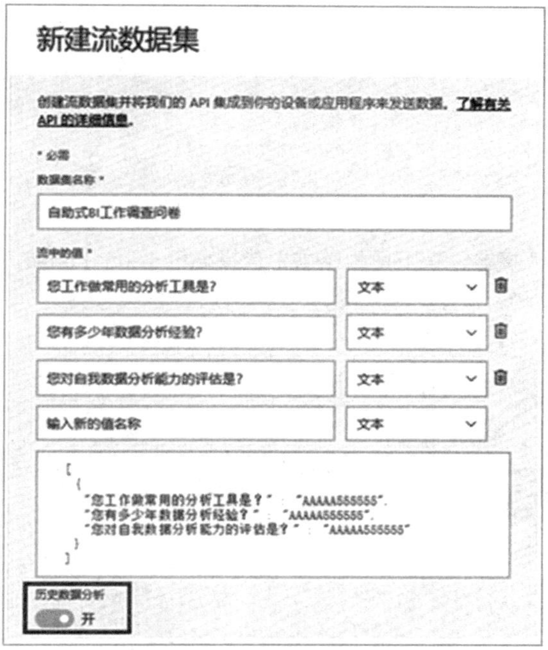

图 7.2.6

此时留意到数据集下出现了新创建的数据集，见图 7.2.7。

图 7.2.7

7.2.3 连接 Forms 数据与 Power BI 数据集

有了数据源和数据集，现在通过 Power Automate 将二者连接起来。单击磁贴按钮，进入 Power Automate。单击"我的流"按钮，见图 7.2.8，再单击"新建"按钮下拉菜单中的"从空白创建"命令。

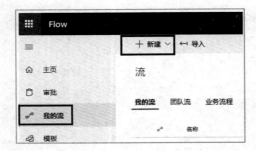

图 7.2.8

在空白流中搜索关键词"Forms"连接器,在下面的结果中选择 Microsoft Forms,如图 7.2.9 所示。

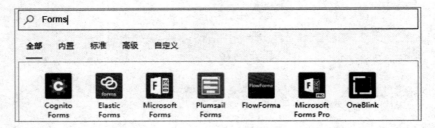

图 7.2.9

在搜索结果内的"触发器"栏下单击"提交新回复时"按钮,见图 7.2.10。

图 7.2.10

然后在打开的界面中的"表单 ID"栏中选择相应的调查问卷,当 Forms 问卷中有新回复提交时,会启动该流,见图 7.2.11。

图 7.2.11

此步骤为添加循环逻辑：单击图 7.2.12 中的"新步骤"按钮，仍然选择"Forms"连接器，在跳转界面的"操作"栏中单击"获取回复详细信息"按钮，如图 7.2.13 所示。

图 7.2.12

页面会发生跳转。在图 7.2.13 中的"表单 ID"栏中再次选择相应的问卷，当将鼠标光标放入"回复 ID"栏中时，栏右侧出现一个设置框，在"动态内容"选项下单击"选择查看更多"按钮。

图 7.2.13

在打开的列表中单击"回复通知列表"选项，将回复通知列表添加至"回复 ID"栏中，如图 7.2.14 所示。注意，此时对话框的名字变为"应用到每一个"，代表该逻辑会作用于问卷中的每个问题。

单击"添加操作"按钮，在新连接器中添加组件"Add rows to a dataset"，如图 7.2.15 所示。

在跳转界面内，参照图 7.2.16，填入正确的参数，此时组件会显示 Power BI 数据集中的值。

选择图 7.2.16 中的问题栏，动态内容再次出现，分别选择相对应的回复并添加在对应的文本框中，如图 7.2.17 所示。完成后单击"保存"按钮，工作流被启动。

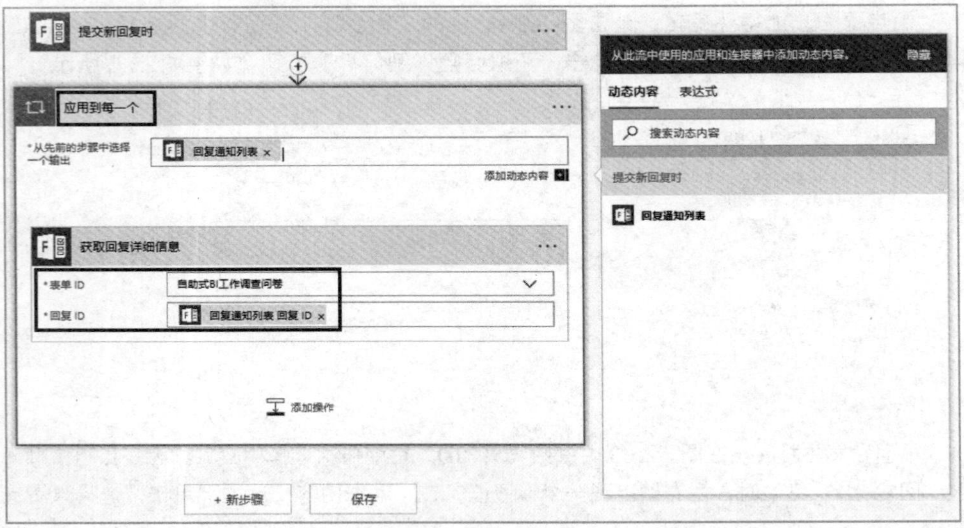

图 7.2.14

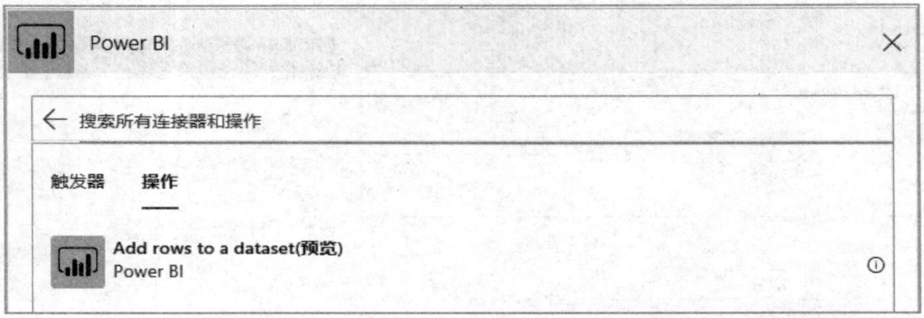

图 7.2.15

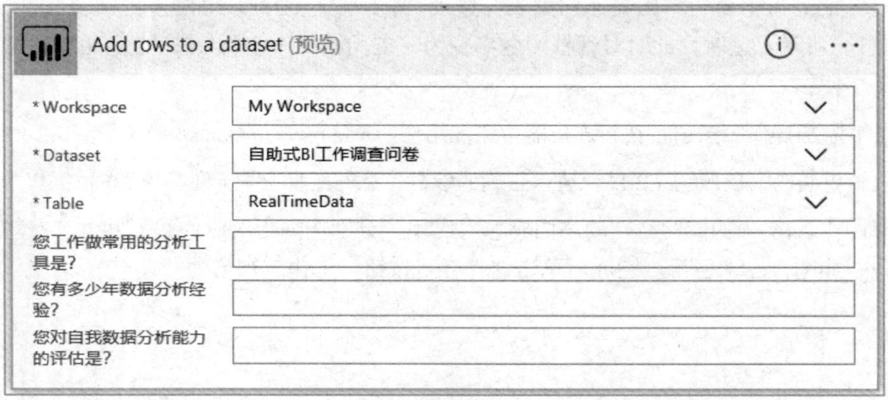

图 7.2.16

图 7.2.17

完成上述操作后，我们在网页中可以尝试完成填写一份 Forms 调查问卷，也可以通过手机扫描二维码完成，见图 7.2.18。

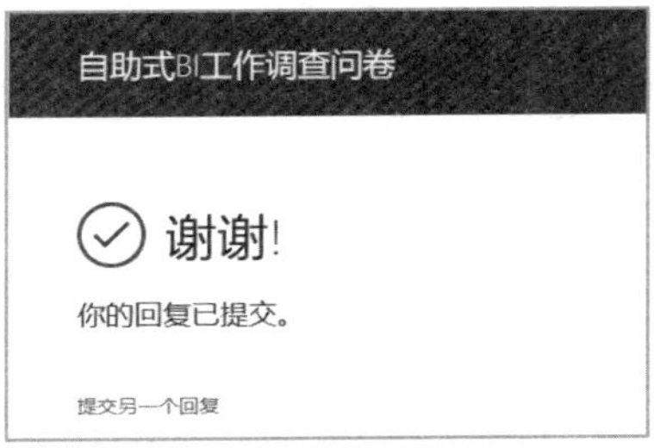

图 7.2.18

回到 Power BI 的数据集界面，单击"创建报表"按钮，见图 7.2.19。

见图 7.2.20，在 Power BI 报表中创建相应的可视化图实时呈现了 Forms 中的数据结果。

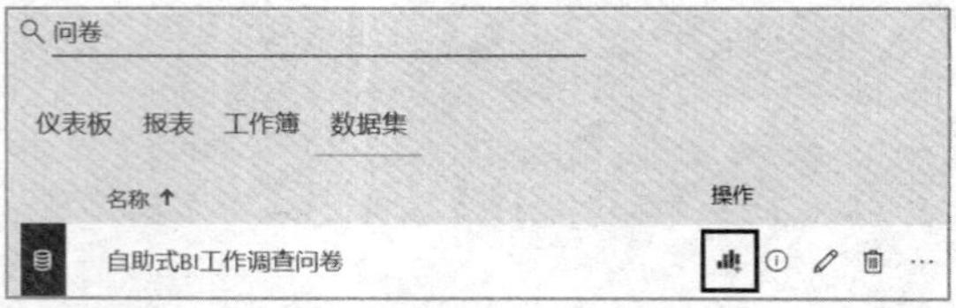

图 7.2.19

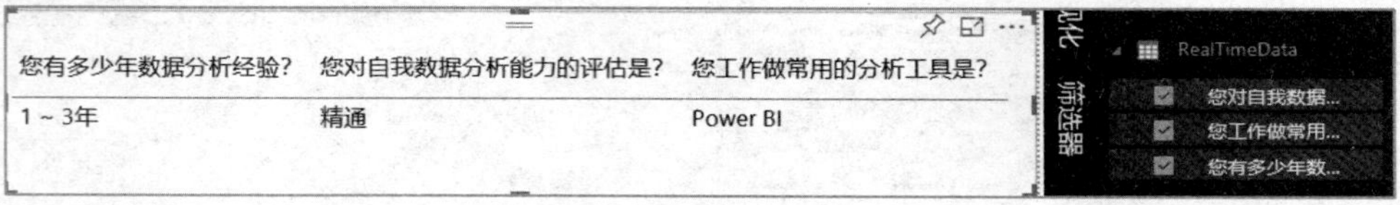

图 7.2.20

7.3 专有容量申请管理：在 Power BI 中调用 Power Apps

在 Power BI 中可以嵌入 Power Apps 控件，从而可以实现在 Power BI 中"修改"数据源。上文提及了"企业容量"申请的需求，图 7.3.1 为 Power Apps、SharePoint、Power BI 与 Flow 之间的交互流程图，共分为 4 个步骤：

（1）创建并提交申请应用。

（2）自动化发送新申请提示。

（3）在 Power BI 中嵌入申请列表。

（4）审批申请内容。

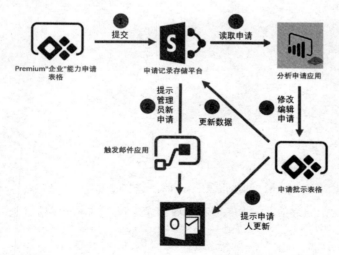

图 7.3.1

1. 创建并提交申请应用

图 7.3.2 为用 Power Apps 开发的企业申请 Power BI 能力的表单，用户按实际情况填写申请的理由，单击“Submit”按钮即可提交内容。

图 7.3.3 为存储申请表格的 SharePoint 列表，此表格用于存储从 Power Apps 产生的数据。每一条 SharePoint 列表中创建的记录，都对应着一个 ID，这个 ID 在后面会被作为更新记录的主键。

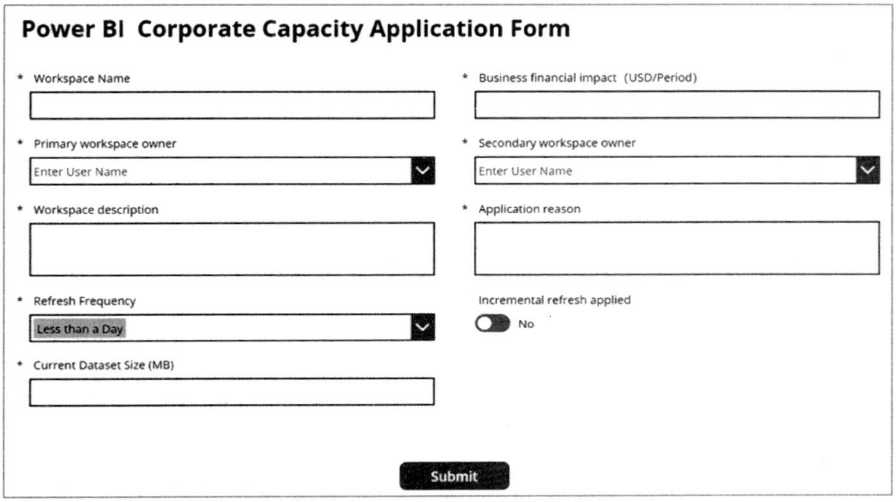

图 7.3.2

Columns

A column stores information about each item in the list. The following columns are currently available in this list:

Column (click to edit)	Type	Required
Workspace Name	Single line of text	✓
Business financial impact	Currency	
Primary workspace owner	Person or Group	✓
Secondary workspace owner	Person or Group	✓
Title	Single line of text	
Workspace description	Multiple lines of text	✓
Application reason	Multiple lines of text	✓
Incremental refresh applied	Yes/No	
Refresh Frequency	Choice	✓
Current Dataset Size (MB)	Number	✓
Status	Choice	✓
Comment	Multiple lines of text	
Created	Date and Time	
Modified	Date and Time	
Created By	Person or Group	
Modified By	Person or Group	

图 7.3.3

2. 自动化发送新申请提示

图 7.3.4 为 Flows 对 SharePoint 列表的监听，当将新的项目从 Power Apps 更新到 SharePoint 后，Flows 会出发邮件通知。邮件内容中添加了变量，可以动态显示对应的项目。

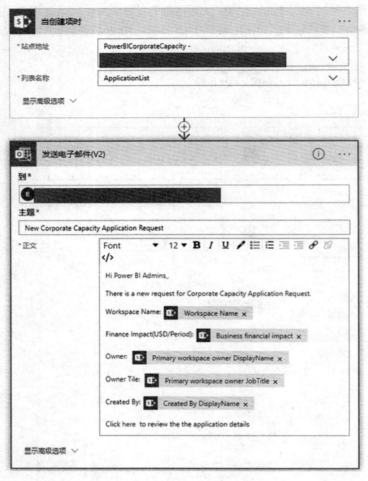

图 7.3.4

3. 在 Power BI 中嵌入申请列表

在 Power BI Desktop 中可以读取 SharePoint Online 列表，见图 7.3.5。

图 7.3.5

读取列表后，在列表中可以添加需要分析的可视化组件，如图 7.3.6 所示，这里添加"Power Apps For Power BI"组件。注意，在"PowerApps Data"文本框中添加需要显示修改的字段，此处勾选所有相关字段。最后单击"Create new"按钮，跳转至 Power Apps 中，即可创建编辑申请页面。

> 提示：如果因为网络原因无法成功添加"Power Apps For Power BI"组件，则可先将 Pbix 文件发布到 Power BI Service 中，在云环境中编辑及添加。

图 7.3.6

4. 审批申请内容

在跳转的 Power Apps 页面中，会生成新的 Power BI Integration 控件，这个控件用于同步 Power BI 与 Power Apps 之间的交互集成功能。在此步骤中，添加了两个界面设计选项"Display_Screen"和"Edit_Screen"（见图 7.3.7）。

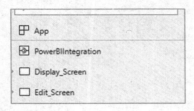

图 7.3.7

单击图 7.3.8 中的"Save"按钮会保存更新申请的状态，单击"Send E-mail"按钮会通过邮件通知用户申请是否通过。"Save"和"Send E-mail"按钮后面关联的分别是 Power Apps 中的 PatchOffice365 和 Outlook.SendEmail 函数。图 7.3.9 为 Patch 函数的截图，可以发现 DAX 中的 Filter 函数再次出现在 Power Apps 中，其用法与在 DAX 中一致。ID 指 SharePoint 列表的记录，BrowseGollery1.Selected.Id 指图左侧界面中被选中的选项。

图 7.3.8

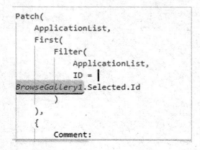

图 7.3.9

完成以上窗体的开发，回到 Power BI 报表中。在图 7.3.10 右图中，当单击任意一条记录时，左边的 Power Apps 控件就返回相应的记录。

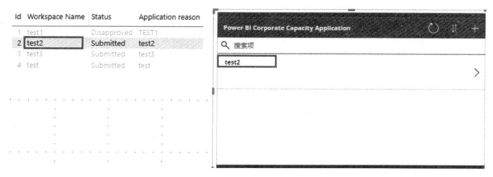

图 7.3.10

接下来单击图 7.3.11 右图中的 ">" 按钮，跳转至左图中，在 "Status" 栏中选择新的状态，单击 "Save" 按钮完成更新，记录被回写到 SharePoint 中。

图 7.3.11

提示：需要提醒的是，用户仍然需要连接 Power BI 数据集，使更新同步在 Power BI 表中。但如果使用直连模式连接数据库，则马上可以观察到数据更新。

7.4 自动化阈值警报：用 Power Automate 助力 Power BI 仪表板

在 Power BI 报表中，可以借助 Power Automate 设置自动化报警阈值。例如可以在 Power BI 销售分析报表中，设置销售 KPI 磁贴，为每个销售经理设置不同的警报阈值。当 KPI 超越警报阈值 A 时，Power Automate 会自动发送邮件给销售经理 A。当 KPI 超越警报阈值 B 时，Power Automate 会自动发送邮件给销售经理 B。具体解决方案包含 3 个步骤：

（1）创建磁贴。

（2）设置警报阈值。

（3）自动发送提示设置。

1. 创建磁贴

首先在报表中通过切片器选取不同的客户组，相应的 KPI 也会发生变化，见图 7.4.1。

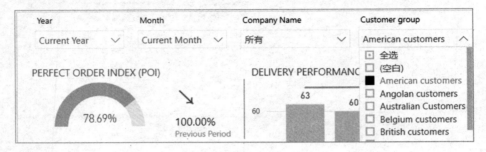

图 7.4.1

单击可视化图（码表）上方的图钉按钮，并将该视觉对象固定到仪表板中，见图 7.4.2。

图 7.4.2

再次重复以上操作，此时仪表板中有两个相同但筛选条件不同的可视化对象，见图 7.4.3。

图 7.4.3

为了更好地区分各自的定义，用户可另外设置码表的描述信息，提高可读性，见图 7.4.4。

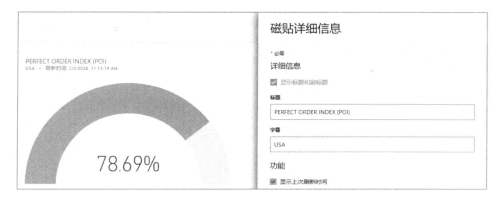

图 7.4.4

完成后，一个仪表盘就可以显示不同的 KPI 值了，见图 7.4.5。

图 7.4.5

2. 设置警报阈值

单击磁铁左上角的设置按钮，在弹出的菜单中单击"管理警报"命令，见图 7.4.6。

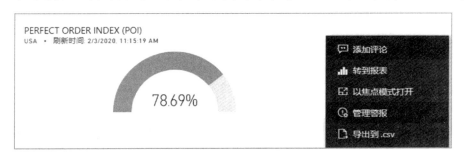

图 7.4.6

接下来为每个磁贴设置的警报阈值，见图 7.4.7。注意，一个磁贴中可设多个警报阈值。

图 7.4.7

3. 自动发送提示设置

再次打开前面设置好的警报,其中下方写着:"使用 Microsoft Power Automate 触发其他操作",见图 7.4.8。

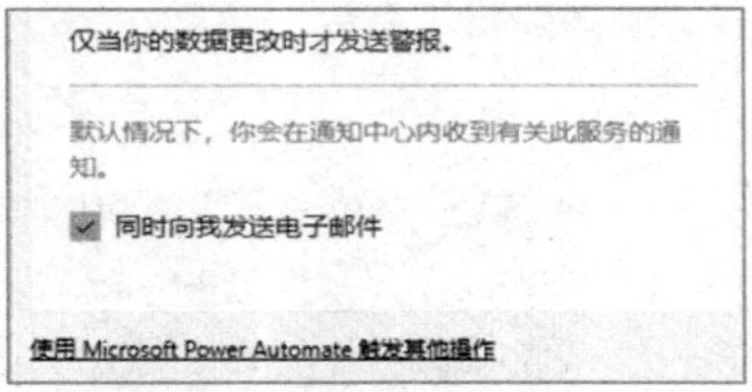

图 7.4.8

单击此文字后自动跳跃到 Power Automate 界面中,默认界面中弹出的是图 7.4.9 左图所示的模板,选择右下方的模板进行邮件发送设定,见图 7.4.9。

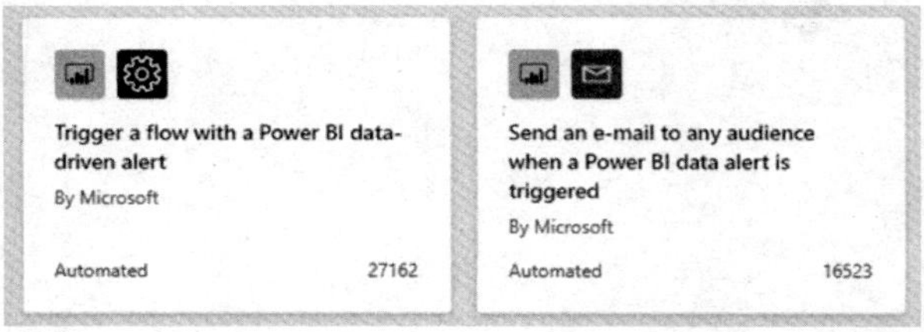

图 7.4.9

接下来，在"Alert Id"栏中设置相应的警报名称，在发送邮件的内容中设置该警报所对应的元素，见图 7.4.10。

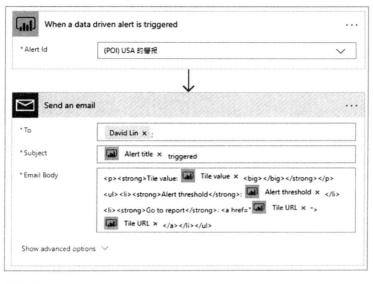

图 7.4.10

除发送电子邮件通知外，Power Automate 也支持其他通知方式，例如支持将警报发送到 Team 中，见图 7.4.11。

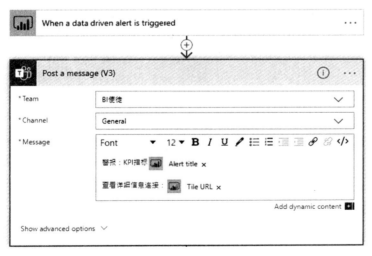

图 7.4.11

为什么不能在 Power BI 中直接完成该邮件的设置呢，还要到 Power Automate 中设置？

因为 Power BI 只是一款数据分析工具,其数据分析以外的功能未必能做到尽善尽美。其实 Power BI Service 中已经添加了许多非数据分析的功能了,但通过与 Power Platform 组合使用,可实现更多的非数据分析的功能,从而可以提高效率,带来更好的体验。

7.5　用手机刷新 Power BI 报表:Power Automate 的 UI Flow 应用

Power Automate 的原名为 Flow,因为其中增强了 UI Flow 功能,后来改名为 Power Automate。那么什么是 UI Flow?简单地说,UI Flow 就是 RPA(机器人流程自动化)的延伸。UI Flow 通过录屏的方式,记录用户对 UI 界面的真实操作,再将其转换为自动化脚本。

示例场景:在 Power BI Service 环境中,可以设置数据集刷新的次数:Power BI Pro 许可用户一天可以刷新数据集 8 次,Power BI Premium 许可用户一天可以刷新数据集 48 次。但若有特殊情况需要立即刷新数据集,则目前需要在 Power BI 中手动完成。下面通过 UI Flow 示例,演示如何自动刷新 Power BI 数据集。其中一共分为 3 步:

(1)录制 UI 操作视频。

(2)优化执行脚本。

(3)用手机启用流。

1. 录制 UI 操作视频

先登录 Power Automate(Flow)网站,在"我的流"选项下找到"UI 流"(UI Flow)。

UI Flow 分为两种形式:Web 应用和桌面应用,因为这里的自动化对象是 PowerBi.com,故此选择 Web 应用,见图 7.5.1。

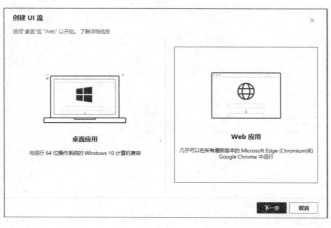

图 7.5.1

在打开的对话框中填写必要的信息，URL 是指对应的应用的 Web URL，见图 7.5.2。

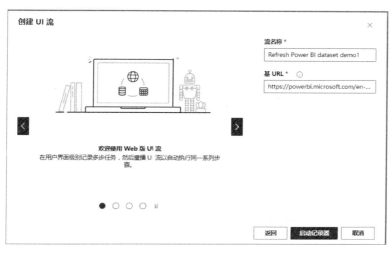

图 7.5.2

单击"启动记录器"按钮，在初次使用此功能时，系统会提示安装 RPA 插件，单击"下载"按钮继续，见图 7.5.3。

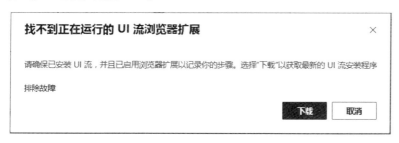

图 7.5.3

安装完毕后，重启设备，再次重复以上步骤，还需要安装 Selenium IDE 扩展。单击"获取扩展"按钮，要保证浏览器支持安装扩展（可选择如 Chrome、Edge 和 Firefox 等），见图 7.5.4。

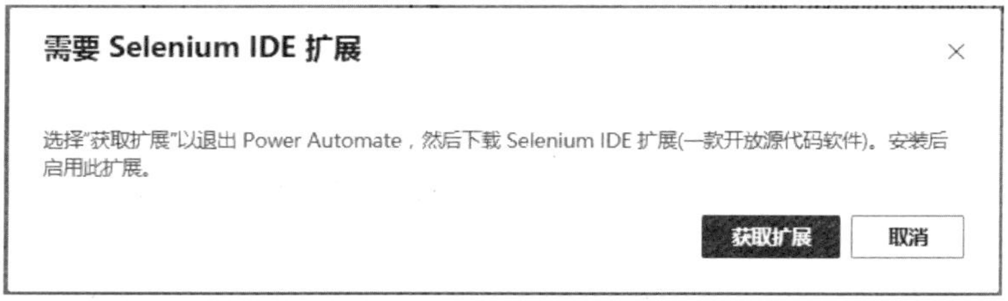

图 7.5.4

安装完成后，界面弹出一个基于 Selenium 的 UI 录制框，单击图中标注框中的按钮，开始录制脚本，见图 7.5.5。

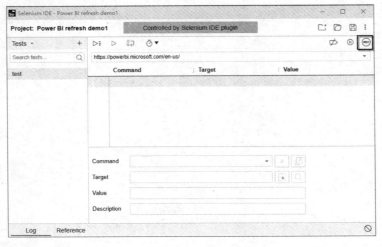

图 7.5.5

接下来的操作是网页部分的人工示范操作。先登录 Power BI 官网，选中目标工作区下的数据集，单击界面右侧的"…"按钮，在打开的列表中单击"立即刷新"按钮，见图 7.5.6。

图 7.5.6

回到录制画面，结束录制。单击"运行"按钮录制脚本，结束后查看 Power BI 数据集的刷新历史记录，此时应可以观察自动执行的新记录。

回到 UI Flow 界面，此时会发现录屏步骤其实被转换为 Selenium 脚本。注意其中的一些步骤参数是静态的。这意味着数据集在页面中的位置是不能变的，否则执行结果会出错，这是无代码设置的不足之处。

2．优化执行脚本

更加可靠的方式是单击具体的工作区，例如：css=button[title='sharepoint onlinelist']。但很不幸，如果工作区过多，则该工作区不显示在屏幕页面中，这个方法就不能实现了。因为 Power BI 设计者考虑到性能因素，不主动加载页面中不显示的元素，这是设计原则相关的问题。解决该问题还需另辟蹊径，一个取巧的方式就是在代码前加工作区名称，提前输入它的名称，这个元素就一定会显示在屏幕中了，见图 7.5.7。

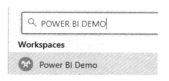

图 7.5.7

手动加入 Pause 命令，需要等待 1000ms，否则容易出错。

同理，如果在一个工作区内含有多个数据集，则也要确保该元素出现在屏幕中。可使用倒序显示来确保元素在页面中为"可见"，见图 7.5.8。修改脚本代码，仍然依据数据集名称锁定该元素下的刷新按钮。

图 7.5.8

提示：Power BI Service 中有"经典"和"新潮"两种视图模式，所对应的页面元素构成也不同。以上例子是按经典模式完成的，用户可在 Power BI Service 界面下切换视图模式，见图 7.5.10。保存 UI Flow 并退出编辑界面。

图 7.5.10

3．用手机启用流

最后该如何激活该脚本呢？创建一个手动流，并将前面创建的 UI Flow 嵌入该手动流中，即通过手动方式触发 UI Flow，见图 7.5.11。

图 7.5.11

此流在本质上是将命令从云端 Flow 传到本地设备执行的应用，故此，用户需在目标设备上安装数据网关，具体操作方法请参阅前文。然后在当前 Flow 中配置数据网关信息，用户需确保所有的认证权限在该设备上都是完整的。图 7.5.12 显示了两种 UI Flow 运行模式：

Attended 个人电脑执行模式，在执行过程中不能锁屏，不能干预，用户可观看具体执行步骤。

Unattended：在服务器上运行，这个过程是锁屏完成的，用户看不到具体执行步骤。

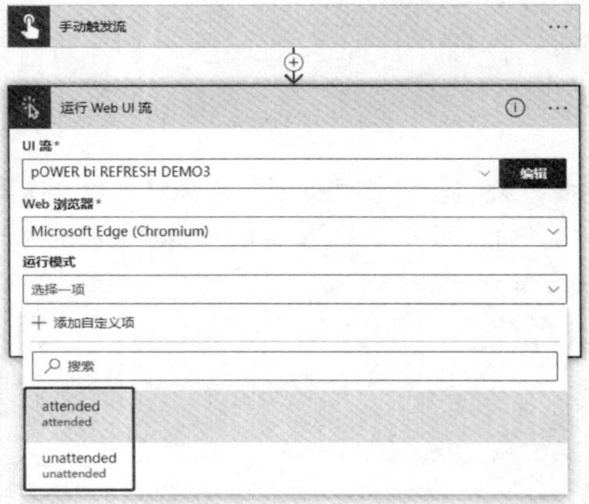

图 7.5.12

设置完成并保存流，登录手机端的 Flow App，在按钮下可见对应的手动流，单击按钮便可手动激活刷新脚本了，见图 7.5.13。

图 7.5.13

注意事项：
（1）在使用 Attended 模式运行时，若运行 UI Flow 的机器同时运行，则会干预脚本执行。
（2）在 Power BI Premium 环境下，建议谨慎使用此方法，因为刷新要求越多，对整体资源消耗越大。

后记
Power BI 在企业级解决方案中的技术亮点

在本书结尾部分，感觉有必要花一些篇幅总结 Power BI 在企业级别解决方案中的技术亮点。

自助与企业共用平台

首先，让我们再次看一下最新的 BI 平台魔力象限图（见图 A.1）。截至 2020 年，微软已连续 13 年雄踞第一象限的位置，这甚至发生在 Power BI 诞生之前。这意味着什么？从最初的单纯 SQL 关系型数据库产品发展到由 MDX、DAX 驱动的 SSAS 数据模型，再到目前流行的 Power BI Service、Azure Analysis Services 和 Azure Data Warehouse 等产品，微软在 BI 领域持续成功的背后，其实有着非常清晰、成熟的 BI 架构体系。

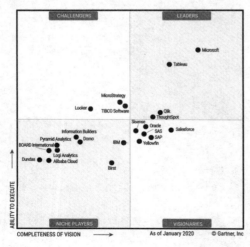

图 A.1

从某个角度而言，SSAS 不过是 xVelocity 分析引擎的一个版本，Power Excel、Power BI 是 xVelocity 的另外两个版本（在任务管理器中，找到正在运行的 Power BI 实例，可观察到其背后的引擎，见图 A.2。）经过这样解释后，我们就不难理解微软为什么能在第一象限多坚守年了，这绝不仅仅是靠一个自助分析的工具能做到的。

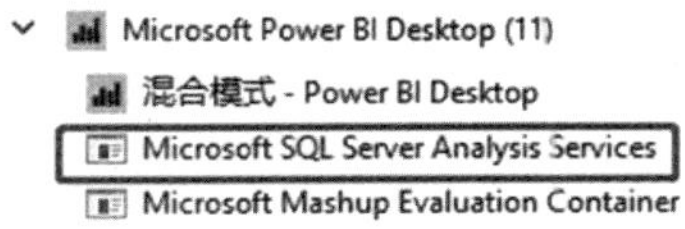

图 A.2

在企业 BI 架构解决方案中，Power BI 作为前端可视化分析工具与后端的 Azure Analysis Services 紧密结合，充分支持企业级解决方案中对规模性级别运算能力的需求。当然，企业级解决方案往往需要专业 IT 人员直接参与管理和运维。

那么新的挑战来了：如何为企业提供一个既可以满足自助服务 BI 与企业 BI 需求的整体性解决方案？两者有区别也有关联。毕竟，很多的企业 BI 原型来自个人级或是部门级 BI 应用，将二者统一在同一框架中，势必会让管理与成本形成整合效应，对企业大有脾益（见图 A.3）。

图 A.3

微软给出了自己的答案：Power BI Premium——一个基于所有 BI 用户全方位的数据分析解决方案（见图 A.4）。Power BI Premium 可以说是对这两种属性结合的一种尝试。因为基于 SaaS，Power BI Premium 天然有着对用户友好的操作界面，每个人都能快速使用门户中的命令，快速自助式地发布与共享个人分析结果。因为基于专有能力，在相同的条件下，其运算能力比普通的共享算力（Pro）要更快，更加适合企业级 BI 应用。再者，Power BI Premium 的独享能力满足了许多企业对数据安全合规的要求，为企业采纳 Power BI Premium 带来更多可能。

图 A.4

从技术本质上而言，Power BI Service 相当于 SaaS 版本的 AAS（Azure Analysis Services）。而 Power BI Premium 则为企业专属 AAS，具有更多的高级分析能力。此处特别阐述 Power BI Premium 的三个特性。

1. Power BI Premium 亮点一：大数据集

在未来推出的 Power BI Premium 版本中，数据集的上限将被从 10GB 升级为 400GB。这里的数据集大小指的是被高度压缩后的数据大小。以通常的压缩比 1:10 推算（通用压缩比例），理论上可容纳的未压缩数据大小为 4TB。当然，这个仅为理论最高值，而且不同版本的 Power BI Premium 的限制有所不同。这个 400GB 其实也是目前 AAS 支持的最大数据集。所以，对于新版本 Power BI Premium，微软已将二者性能向同一水平对标（见图 A.5）。

图 A.5

大家平时可能有这种体会：在上传体积较大的数据集时，本地机器显得吃力，风扇狂转，CPU 指数直线升高，要上传 TB 级别的数据集简直无法想象。这个上传情景也是有技巧性的，首先，开发人员应该尽量选择性能强的机器作为开发机。另外，在开发阶段可筛选小体量的数据为子数据集作为开发与测试样本。当进入生成阶段，将 pbix 数据成功上传后，再通过增量刷新的方式，逐步上传所有数据。

2. Power BI Premium 亮点二：XMLA 终结点

XMLA 是一种针对 Microsoft SQL Server Analysis Services 的本机协议，用于客户端应用程序与 Analysis Services 实例之间的所有交互。Analysis Services 完全支持 XML for Analysis 1.1，并且还提供了支持元数据管理、会话管理和锁定功能的扩展。与 Analysis Services 实例进行通信时，分析管理对象（AMO）和 ADOMD.NET 都使用 XMLA 协议。

如果你没有看懂也没有关系。请记住 XMLA 是一种通信机制，帮助用户打通应用与应用之间的通信，目前 Power BI Premium 支持 XMLA 读取机制。那么这对分析人员意味着什么呢？如图 A.6 所示，分析人员可在 SQL Server Management Studio、DAX Studio 等工具中直接读取工作区表中的语义层，实现在企业环境下，对同一实体的跨平台调试和可视化分析。

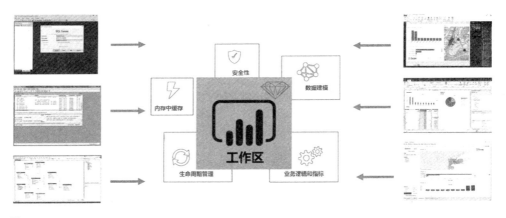

图 A.6

目前已经有以下多种工具支持读取 XMLA 通信。据 Power BI 负责人所述，不久，Power BI 将开放 XMLA 写入机制。这也意味着第三方工具在理论上也可被用于 Power BI 的数据模型开发，这对 BI 开发人员而言无疑是重大利好（见图 A.7）。

3. Power BI Premium 亮点三：增量刷新

增量刷新绝对是优化报表速度性能的重要实现方式。如果不使用增量刷新，那么用户可能为了更新 0.1%的数据而要刷新 100%的数据。这无疑是对资源的极大浪费与消耗。再想想前面提及的大数据集，全量刷新一个 400GB 的数据集简直是灾难性的。作为企业级 BI 解决方案，增量刷新的应用必不可少（见图 A.8）。

Tool	Description	Installation/prerequisites
Third party data-visualization tools	Non-Microsoft tools to consume reusable semantic models in Power BI.	Install the latest versions of MSOLAP from here.
SQL Server Management Studio (SSMS)	SSMS can be used to, for example, view partitions generated by incremental refresh.	The SSMS download is available here. Version 18.0 RC1 or above is required.
SQL Server Profiler	Tool for tracing and debugging.	SSMS 18.0 RC1 or above is required.
DAX Studio	Open-source, community tool for executing and analyzing DAX queries against Analysis Services. We want to recognize the great work already done in DAX Studio to work with XMLA endpoints in Power BI.	Version 2.8.2 or above.
Paginated reports in Power BI Premium, Power BI Report Server and SQL Server Reporting Services	Operational, pixel perfect, paginated reports.	Will be supported in upcoming releases.
Excel PivotTables	Traditional interactive analysis. Note this is already provided by Analyze in Excel (see licensing change below).	The upcoming Click-to-Run version of Office 16.0.11326.10000 or above is required.

图 A.7

增量刷新

- 在 Power BI 中启用大模型
  - 更快刷新
  - 更可靠
  - 更低的 CPU 和内存使用率
- 在 Power BI Desktop 中定义策略
- 在 Power BI 服务中应用策略
- 增量刷新演示：
- https://aka.ms/IncrementalRefreshDemo

图 A.8

需要注意的是，在增量刷新时，数据源必须是基于 Database 的。对于 Excel/CSV 这种非结构化数据源，增量刷新的效果反而不如全量刷新。所以对于量级小的数据，可以全量刷新。一旦数据量达到一定的规模，则应该考虑以 Database 替代，并采用增量刷新机制。

Power BI Premium 元年

众所周知，国内的 Power BI Service 是由世纪互联提供运营的。目前，国内云用户也可以申请订阅基于国内云的 Power BI Premium Service 了。这充分说明了微软对中国市场的足够重视，为企业提供了更多高级的数据分析服务选项。基于此，Power BI 的影响力不仅仅是在个人层面的，更同时是企业级别的。Power BI 改变了许多人的人生轨迹，也包括我。在此，笔者预祝读者们能借助 Power BI 这一利器，在自己的数据分析之路上走向成功与辉煌。